Gerhart Weisshaupt • Vom Wasserloch zum Dorfbrunnen

Gerhart Weisshaupt

# Vom Wasserloch zum Dorfbrunnen

Ländliche Wasserversorgung in Entwicklungsländern.
Erfahrungen aus 30 Jahren Brunnenbau in Benin

HORLEMANN

Die Deutsche Bibliothek – CIP-Einheitsaufnahme
Für diese Publikation ist ein Titeldatensatz bei
Der Deutschen Bibliothek erhältlich.

© 2002 Horlemann
Alle Rechte vorbehalten

Umschlagfoto:
Deutsche Welthungerhilfe

© aller Fotos im Buch:
Deutsche Welthungerhilfe

Bitte fordern Sie unser
Gesamtverzeichnis an:
Horlemann Verlag
Postfach 1307
53583 Bad Honnef
Telefax 0 22 24 / 54 29
E-Mail: info@horlemann-verlag.de
www.horlemann-verlag.de

Gedruckt in Deutschland

1 2 3 4 5 | 05 04 03 02

# INHALTSVERZEICHNIS

VORWORT ................................................................. 7
BENIN IM ÜBERBLICK ............................................ 11
Bevölkerung ................................................................ 11
Wirtschaft ................................................................... 12
Politik und Gesellschaft ............................................... 14
WASSERVERSORGUNG IN BENIN ....................... 16
Wasserdargebot und Niederschläge .............................. 16
Nachfrage und Versorgungsgrad .................................. 18
Erschließung und Bereitstellung im ländlichen Raum ... 19
BRUNNENBAUPROGRAMM BENIN ..................... 28
Die Anfänge (1972–1974) ............................................. 28
Verortungsversuche (1974–1981) .................................. 33
Ein Programm entsteht (1981–1985) ............................. 53
Reifeprozesse (1985 – 1989) ......................................... 70
Das Programm emanzipiert sich (1989–1994) .............. 92
Brunnenbau und Ressourcenbewirtschaftung (1994–1996) ... 103
Die Rahmenbedingungen verändern sich (1996–1998) ...... 116
Kleinunternehmen Schachtbrunnenbau (1998–2000) ... 127
Die Nachbetreuungsphase (2000–2002) ...................... 140
ZUSAMMENFASSUNG ........................................... 142
ANHANG .................................................................. 144
Projektstandorte, Projektlaufzeiten und Zahl der gebauten Brunnen ... 144
Die Deutsche Welthungerhilfe .................................... 148

# VORWORT

Wasser ist eines der wichtigsten Lebensmittel. Die Bereitstellung von Wasser zum Trinken, zum Tränken von Haustieren, zum Waschen und zur Bewässerung von Hausgärten und landwirtschaftlichen Nutzflächen begleitet daher von Anfang an die Entwicklungspolitik für den ländlichen Raum. Verändert haben sich freilich die Herangehensweisen, mit denen das Ziel einer angemessenen Wasserversorgung für die Menschen erreicht werden soll. Technische Lösungen und Modelle der Industrieländer standen zunächst im Vordergrund der Entwicklungszusammenarbeit. Die Erfahrungen zeigten jedoch, dass Wasser viele Lebensbereiche berührt und seine Verfügbarmachung im Zusammenhang der sozialen und kulturellen Rahmenbedingungen der zu versorgenden Menschen gesehen werden muss. Und nicht zuletzt die entwicklungspolitische Diskussion um ökonomische, ökologische und institutionelle Nachhaltigkeit angesichts der Begrenztheit natürlicher Ressourcen einerseits, und das Scheitern vieler Projekte nach dem Ende der externen Förderung andererseits haben der Projektpraxis der Entwicklungsorganisationen neue Instrumente hinzu gefügt.

Dieses Buch dokumentiert die Geschichte von dreißig Jahren Brunnenbau in Benin, und es erzählt gleichzeitig, sozusagen zwischen den Zeilen, die Geschichte von dreißig Jahren deutscher Entwicklungszusammenarbeit. Über einen langen Zeitraum sind hier Entwicklungen beschrieben, die eher an einen Prozess wiederholter Versuche und Fehler erinnern denn an geplantes Arbeiten entlang einer strategischen Orientierung.

Mit großem Engagement haben Entwicklungshelferinnen und Entwicklungshelfer des Deutschen Entwicklungsdienstes und – später – Fachkräfte der Deutschen Welthungerhilfe Brunnenbau und Begleitmaßnahmen geplant, betreut und oft auch selbst durchgeführt. Die Geschichte von dreißig Jahren Brunnenbau in Benin ist über weite Strecken auch die Geschichte einer Partnerschaft zwischen dem Deutschen Entwicklungsdienst und der Deutschen Welthungerhilfe. Eine Partnerschaft, die nicht ohne Reibungsverluste verlief, in der auch versucht wurde, mit dem Hinweis auf Defizite der jeweils anderen Organisation eigene Schwächen zu kaschieren. Eine Partnerschaft, die auch nach beiderseitigen Enttäuschungen mit neuen Ideen, neuem Schwung und – nicht zuletzt – neuen Mitarbeiterinnen und Mitarbeitern fortgesetzt wurde. Eine Partnerschaft, die in der Rückschau zu einem zufrieden stellenden Ergebnis geführt hat, auch wenn sich die Dauerhaftigkeit des gefundenen Ansatzes – die Privatisierung der Brunnenbauunternehmen und der Wechsel von der Angebots- zur Nachfrageorientierung – erst noch erweisen muss.

Das institutionelle Gedächtnis der Entwicklungszusammenarbeit ist nicht besonders ausgeprägt, es heißt, wie man in Westafrika sagt, „*le développement n'a pas de mémoire*". Wie anders ist es zu erklären, dass immer wieder „das Rad neu erfunden" wird? Oder dass Ansätze an einem Ort weiter verfolgt werden, die sich in einem benachbarten Land, manchmal nur wenige Kilometer weiter oder bei einer anderen Organisation bereits als Sackgasse erwiesen haben? Und das, obwohl viel Zeit und Geld für regelmäßige Berichterstattung und periodische Evaluationen aufgewendet werden! Vielleicht sind die Betrachtungszeiträume im Hinblick auf die Langfristigkeit der Aufgabenstellungen in der Entwicklungszusammenarbeit zu kurz?

Eine kritische Zwischenbilanz der erreichten Ergebnisse – Anlass war die sechste Verlängerung der Finanzierung des Brunnenbauprogramms und eine engagierte Diskussion in den Bewilligungsgremien der Deutschen Welthungerhilfe – gab den Anstoß für den Beginn der Spurensicherung. Der Autor dieses Buches, selber lange Jahre Entwicklungshelfer des Deutschen Entwicklungsdienstes im Brunnenbauprogramm und dann Mitarbeiter der Deutschen Welthungerhilfe, hatte bereits während seiner Zeit in Benin viele Unterlagen zusammen getragen und in einem technischen Handbuch dokumentiert. Es bildet den Kern der folgenden Darstellung. Im Zuge der weiteren Recherchen wurden dann staubige Akten aus den Archiven beider Organisationen wieder zu Tage gefördert. Untersuchungen vor Ort, Gespräche mit ehemaligen Brunnenbauern und Vertretern der im Laufe des Programms geförderten Dörfern vervollständigten das Anschauungsmaterial.

Mit der Veröffentlichung der Erfahrungen für ein fachlich interessiertes Publikum über den Kreis der Fachkräfte der beteiligten Organisationen hinaus verbinden wir die Hoffnung, dass auch andere Organisationen auf den Fundus ihrer Erfahrungen zurück greifen und verstärkt „Entwicklungsarchäologie" betreiben. Ich bin sicher, dass die Mühe lohnt.

Dr. Hans-Joachim Preuss
Bereichsleiter Programme und Projekte
Deutsche Welthungerhilfe e. V., Bonn

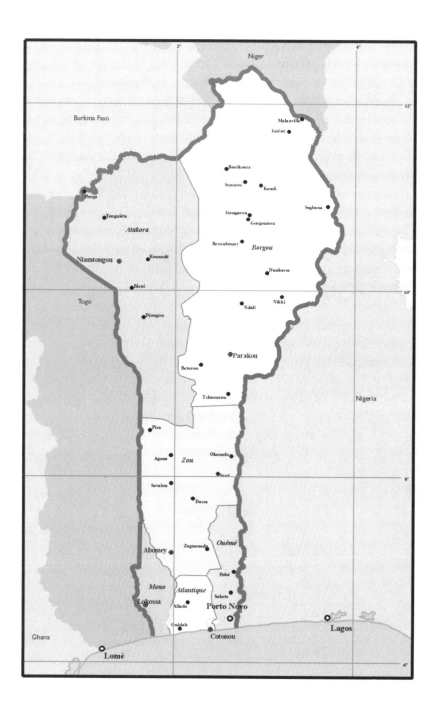

# BENIN IM ÜBERBLICK

Die Republik Benin liegt im Südwesten Westafrikas am Golf von Guinea und umfasst eine Fläche von 112.622 km². Sie erstreckt sich in der Nord-Süd-Ausdehnung auf ca. 670 km, in der West-Ost-Ausdehnung im Süden auf 125 km und im Norden, auf der Höhe der Stadt Natitingou, auf 325 km. Sie wird im Süden durch den Atlantik, im Westen durch die Republik Togo, im Nordwesten durch Burkina Faso, im Norden durch die Republik Niger und im Osten durch Nigeria begrenzt.

### Bevölkerung

Die Bevölkerung ist in den letzten Jahren stark gewachsen, von 2 Mio. (1960) auf ca. 5,6 Mio (1996). Die Angaben bezüglich der Zuwachsrate schwanken zwischen 2,8 Prozent und 3,2 Prozent. Eine beninische Frau hat im Durchschnitt 6,1 Kinder, 1979 waren es 7,1. Fast 50 Prozent der Bevölkerung sind jünger als 15 Jahre.

Die Bevölkerung besteht zu 51,4 Prozent aus Frauen und zu 48,6 Prozent aus Männern. Sie verteilt sich sehr ungleich zwischen dem Süden und dem Norden Benins. 53,3 Prozent der Bevölkerung sind im Süden auf 13.000 km² (Mono – Atlantique – Ouémé), das heißt auf 12 Prozent der Gesamtfläche des Landes konzentriert. Die Bevölkerungsdichte variiert hier zwischen 192 und 322 Einwohnern/km². Im Norden dagegen, auf einer Fläche von etwa 100.000 km², liegt die Bevölkerungsdichte zwischen 16 und 21 Einwohnern/km². Der Landesdurchschnitt liegt bei 49,7 Einwohnern/km². Die Urbanisierung erreichte in Benin in den Jahren 1960 bis 1990 eine jährliche Rate von 7,4 Prozent. Allein in Cotonou leben 21,7 Prozent der Gesamtbevölkerung.

Nach den Angaben der letzten Volksbefragung von 1992 hat sich die Landflucht weiter verstärkt. Nach dieser Erhebung leben 64 Prozent der Bevölkerung in ländlichen Gebieten. Aufgrund ökonomischer und zunehmend auch ökologischer Zwänge sind saisonale und auch dauerhafte interne Migrationen zu beobachten. Die Migrationsströme gehen zum einen in Richtung der regionalen ökonomischen Zentren (Cotonou, Porto-Novo, Abomey, Parakou, Djougou) oder aber in Richtung Neulandsuche in den Regionen Borgou, Zou-Nord und Atacora-Süd. Darüber hinaus gibt es schon seit den Kolonialzeiten eine starke externe Migration von Intellektuellen, Kaufleuten und Saisonarbeitern in die Länder Elfenbeinküste, Nigeria, Gabun, Togo und nicht zuletzt auch nach Frankreich.

In Benin leben ca. 60 verschiedene ethnische Gruppen. Zu den wichtigsten Bevölkerungsgruppen gehören Fon, Yoruba, Nagot, Holli, Adja, Bariba und Betamari. Jede dieser ethnischen Gruppen spricht ihre eigene Sprache.

Neben neueren religiösen Formen wie Katholizismus, Protestantismus (lt. Volksbefragung von 1992 zusammen 35,4 Prozent der Bevölkerung) und dem sich rasch ausbreitenden Islam (ca. 20,6 Prozent der Bevölkerung) sind verschiedene lokale Formen des Animismus in Benin lebendig.

## Wirtschaft

Die beninische Wirtschaft basiert nach wie vor zu großen Teilen auf der Landwirtschaft. Etwa zwei Drittel der Bevölkerung leben auf dem Land. Der arbeitsfähige Bevölkerungsanteil wurde 1992 auf ca. 3 Mio. Menschen geschätzt, wovon ca. 2,3 Mio. ökonomisch aktiv sind. Mehr als 70 Prozent von ihnen arbeiten in der Landwirtschaft.

Die ohnehin schwach entwickelte, auf agrarische Produkte fußende Industrie liegt noch immer darnieder. Einige kapitalintensive

Großprojekte der 80er Jahre (Zement- und Zuckerfabriken) sind nach dem Rückgang der Nachfrage in den Nachbarländern (Niger, Nigeria) völlig gescheitert. Mit der Revolution von 1972 wurden alle größeren industriellen Betriebe und vor allem die Banken verstaatlicht. Auch wurde der Außenhandel stark reglementiert und zumeist staatlichen Monopolgesellschaften übertragen. In vielen Bereichen wurden Preiskontrollen eingeführt. Dieses Entwicklungsmodell führte zu einer enormen Verschuldung, zum Niedergang von Eigeninitiative und ökonomischen Aktivitäten sowie zur Aufblähung des Beamtenapparates und weit verbreiteter Korruption.

Das Ergebnis dieser Wirtschaftspolitik führte 1988/89 zu einer dramatischen ökonomischen Krise, die sich zuallererst als Krise der Staatsfinanzen darstellte: Zusammenbruch des gesamten Bankensystems (Anfang 1989), unregelmäßige Zahlung bzw. Einstellung der Zahlung der Löhne für Staatsbedienstete.

In der Statistik rangiert Benin mit Platz 157 am unteren Ende der 174 nach dem UNDP-*Human Development Index* klassifizierten Länder. Trotz des anhaltenden Wirtschaftswachstums der vergangenen Jahre von ca. 5 Prozent p.a. (1995–1999) liegt das Pro-Kopf-Einkommen bei lediglich 398 US$ (1999). Damit liegt Benin deutlich unter dem Durchschnittswert für Subsahara-Afrika bzw. für die Gruppe der Länder mit niedrigem Einkommen.

Das wichtigste Exportprodukt ist die Baumwolle. An zweiter Stelle stand 1994 noch das Erdöl (wobei die Vorkommen langsam zur Neige gehen) und an dritter, mit abnehmender Tendenz, Ölpalmprodukte. Den hohen Anteil der Dienstleistungen am Bruttosozialprodukt (1993: 45,6 Prozent) verdankt Benin insbesondere dem Hafen von Cotonou und seiner Transitrolle für die Nachbarländer Niger, Burkina Faso und Nigeria.

# Politik und Gesellschaft

Benin hat zu Beginn der 90er Jahre in vorbildlicher Weise und als erstes Land auf dem schwarzafrikanischen Kontinent einen friedlichen Übergang von einem diktatorischen Herrschaftssystem marxistisch-leninistischer Prägung mit zentralverwalteter Staatswirtschaft zu einer pluralistischen, rechtsstaatlichen Demokratie mit einer marktwirtschaftlich orientierten Wirtschaftsordnung eingeleitet.

Mit einer nationalen Konferenz aller politischen Strömungen und Gruppierungen ist das Einparteienregime, das vielleicht als gemäßigte Militärdiktatur bezeichnet werden kann, 1989 zu Ende gegangen.

Hauptziele der Übergangsregierung, die sich nach elf Monaten freien Wahlen gestellt hatte, bildeten nach wie vor die Gesundung der Finanzen und die Dynamisierung der beninischen Wirtschaft (strikte Einhaltung der Strukturanpassungsprogramme). Angestrebt waren des Weiteren eine Verwaltungsreform und Umgestaltungen im Bereich der Landwirtschaft. Die Parlamentswahlen 1995 und die Präsidentschaftswahlen 1996 haben gezeigt, dass die Demokratisierung weiter Fuß gefasst hat. Für Außenstehende war es natürlich kaum nachvollziehbar, dass die Wähler den ehemaligen Diktator Kérékou wieder ins Amt holten, der mit den Präsidentschaftswahlen im März 2001 unangefochten für eine weitere Legislaturperiode bestätigt wurde.

Mit der Schaffung demokratischer Institutionen im Rahmen eines parlamentarischen Präsidialsystems und dem wirtschaftspolitischen Paradigmawechsel wurden die Rahmenbedingungen für die Beteiligung der Bevölkerung am politischen Prozess sowie für den Aufbau leistungsfähiger wirtschaftlicher Strukturen verbessert.

Der nach wie vor positiv zu beurteilende gesellschaftliche Reformprozess hat sich aufgrund politisch-parlamentarischer Auseinandersetzungen allerdings verlangsamt. Die konsequente Dezentralisierung von Entscheidungsmacht verbunden mit einer entsprechenden Mittelausstattung und Wirkungsbeobachtung ist jedoch elementar für eine armutsorientierte und nachhaltige Entwicklung des Landes. Die gesetzlichen Grundvoraussetzungen für eine stärkere Dezentralisierung und die Übetrtragung von Kompetenzen an regionale und lokale Körperschaften sind seit Januar 2000 in Kraft. Auch das Kommunalwahlgesetz für die Abhaltung der mehrmals verschobenen Kommunalwahlen wurde nach mehrmaliger Verzögerung im März 2000 in Kraft gesetzt.

Die Menschenrechtssituation kann im Vergleich zu anderen westafrikanischen Ländern als relativ gut bezeichnet werden. Bürger- und Menschenrechte werden garantiert und in der Praxis weitgehend respektiert. Vereinzelt kommt es zu Übergriffen durch Sicherheitskräfte, die bei Bekanntwerden in der Regel von der Justiz untersucht werden. Probleme bereitet die Lynchjustiz gegen Straftatverdächtige sowie extrem schlechte Haftbedingungen. Die Todesstrafe ist nicht abgeschafft, wird seit 1986 aber nicht mehr vollstreckt. Genitalverstümmelung bei Frauen ist eine weit verbreitete Praxis. Gesetzlich ist sie nicht untersagt. Der Staat sowie verschiedene Nichtregierungsorganisationen (NRO) betreiben jedoch zunehmend Aufklärungsarbeit.

Das traditionelle Klientel- und Herrschaftssystem ist nach wie vor auch mit bestimmend für das staatliche Handeln. Defizite in der Regierungsführung und insbesondere eine weit verbreitete Korruption beeinträchtigen die Funktionsfähigkeit und Effizienz öffentlicher Dienste und Einrichtungen und verringern deren Akzeptanz in der Bevölkerung. An der Spitze der gesellschaftlich relevanten Organisationen finden sich häufig ehemalige Angehörige des öffentlichen Dienstes, die sich eher als Lobbyisten ihrer spezifischen Interessengruppen verstehen. Die Bedeutung der Zivilgesellschaft wächst, sie ist jedoch noch nicht so strukturiert, dass sie bereits eine bedeutende Rolle bei der Durchsetzung entwicklungsorientierter Reformen spielen könnte.

# WASSERVERSORGUNG IN BENIN

## Wasserdargebot und Niederschläge

Die Angaben zu Wasservorkommen und Verbrauch variieren und sind Ergebnis einer sehr dürftigen Datenerhebung. Die verfügbare Menge an *Oberflächenwasser* wird auf 13 Mrd. m$^3$ pro Jahr geschätzt. In dieser Menge ist der Zulauf über den Niger nicht enthalten. Dieses Oberflächenwasser wird nur zu einem sehr geringen Grad genutzt und dient in erster Linie der Versorgung der großen Städte Cotonou, Porto Novo und Parakou. Darüber hinaus dient es zum Tränken des Viehbestandes und zur Bewässerung einer Anbaufläche von etwa 9.000 Hektar – zum überwiegenden Teil dem Anbau von Reis. Das Potenzial an Bewässerungsflächen wird auf 300.000 Hektar geschätzt, deren Bewirtschaftung damit nahezu die gesamte Menge an verfügbarem Oberflächenwasser erfordern würde.

Auch über die *Grundwasservorkommen* liegen nur unzureichende und stark divergierende Daten vor. Laut Angaben der *Direction de l'Hydraulique* beträgt die Menge des erneuerbaren Grundwasservorkommens etwa 1,9 Mrd. m$^3$ pro Jahr. Die Grundwasservorkommen dienen in erster Linie der städtischen und ländlichen Trinkwasserversorgung. Die jährliche Gesamtentnahme beläuft sich auf 115 Mio. m$^3$, also auf ca. 1 Prozent der nationalen Wasserreserven, wobei die Landwirtschaft mit 67 Prozent (77 Mio. m$^3$) der größte Verbraucher ist. Auf den häuslichen Verbrauch entfallen 23 Prozent (26,4 Mio. m$^3$) und lediglich 10 Prozent (11,6 Mio. m$^3$) auf den Verbrauch

der Industrie. Die jährliche Erneuerung der Wasservorkommen durch Regenfälle wird auf 1,8 km³ geschätzt. Diese Angaben lassen bestenfalls einen Näherungswert über die aktuelle Wasserversorgung zu. Das tatsächliche Problem der Wasserversorgung in Benin liegt vielmehr in der ungleichmäßigen räumlichen und zeitlichen Verteilung der Wasservorkommen. So sind etwa 80 Prozent der Landesfläche in geologischer Hinsicht dem beniner Inlandssockel zuzuordnen. Hier werden die geringen Wasservorkommen langfristig nicht zur Deckung des Bedarfs ausreichen. Die für die westafrikanischen Küstenländer charakteristischen zwei Regenzeiten fallen in Benin ab etwa dem 9. Breitengrand (Tchaourou) zu einer jährlichen Regenzeit zusammen. Eine Häufigkeitsverteilung der Niederschläge zeigt im Südwesten – gegen die Grenze zu Togo – ein Minimum, während im Bereich des Atacora-Gebirges im Nordwesten die höchsten Niederschläge festzustellen sind. Mit durchschnittlich mehr als 1.400 mm pro Jahr gehört Djougou, südlich der Gebirgskette, zu den Regionen mit den meisten Niederschlägen. Die Niederschläge sinken nach Norden hin bis auf 900 mm in Malanville und in südlicher Richtung bis auf 1.100 mm in Dassa-Zoumé, wobei davon auszugehen ist, dass bei Niederschlagsmengen unter 800 mm die Versorgung des Grundwassers, bedingt durch die hohe Verdunstungsrate, ungewiss ist. Lokal und zeitlich begrenzt kann man davon ausgehen, dass dieser Fall eintritt. Zusammenfassend lassen sich folgende Sachverhalte feststellen:
- Die Summe der mittleren jährlichen Niederschläge steigt nach Süden hin an.
- Die höchsten Niederschläge fallen im Norden im August (Kandi) und September (Parakou), im Süden im Juni (Pobé, Cotonou).
- Etwa zwischen Tchaourou und Parakou fallen die Hauptregenzeit und die zweite Regenzeit des Südens zu einer Regenzeit zusammen.
- Eine Anreicherung des Grundwassers durch die Niederschläge ist nur in den regenreichen Monaten zu erwarten.
- Die regenreichen Monate beschränken sich im Norden auf ca. drei Monate, im Süden auf fünf Monate.

# Nachfrage und Versorgungsgrad

Bis 1998 sind für eine ländliche Bevölkerung von 4 Mio. Menschen etwas mehr als 7.000 Wasserstellen eingerichtet worden. Es handelt sich dabei vorwiegend (etwa zwei Drittel) um Bohrbrunnen, die mit Handpumpen versehen sind, sowie um etwa 2.100 Schachtbrunnen. In den kleineren städtischen Zentren wurden 67 zentrale Wasserversorgungseinrichtungen eingerichtet.

Von der staatlichen Wasserbehörde, der *Direction de l'Hydraulique,* wird eine Deckungsrate von 73 Prozent angegeben, welche auf einer Basis von 15 Liter pro Tag und Einwohner in den kommenden Jahren auf 80 Prozent gesteigert werden soll. Diese Angaben sind allerdings nicht gesichert. Laut einer Studie vom Dezember 1993 stellten sich die Deckungsraten für den Bereich der ländlichen Wasserversorgung landesweit wie folgt dar:

18-25 Prozent für die Départements Mono, Atlantique, Ouémé;
77 Prozent für das Département Atacora;
82 Prozent für das Département Borgou.

Damit ergäbe sich im landesweiten Durchschnitt eine Deckungsrate von etwa 44 Prozent, die sich trotz großer Anstrengungen im Hinblick auf ein Bevölkerungswachstum von ca. 3 Prozent pro Jahr zwischenzeitlich nur unwesentlich geändert haben dürfte.

Es handelt sich hier jedoch um rein statische Aussagen, das heißt die schlichte Aufrechnung der Wasserstellen in Bezug auf die Bevölkerungszahlen. Besiedlungsdichten (ca. 201 Einwohner/km$^2$ in den südlichen Départements und ca. 23 Einwohner/km$^2$ in den Départements des Nordens) und Wegstrecken wurden in diesen Berechnungen nicht berücksichtigt. Außerdem muss man davon ausgehen, dass mindestens 30 Prozent der Einrichtungen nur noch teilweise oder gar nicht mehr funktionieren.

# Erschließung und Bereitstellung im ländlichen Raum

## Direkte Entnahme

Das Wasser aus Quellen, Flüssen oder sogenannten „*marigôts*" wird in der Regel ungefiltert verwendet, wodurch gängige, wassergebundene Krankheiten wie Cholera, Thyphus usw. übertragen werden. Mit dem wahrscheinlich aus der Karibik stammenden Wort „*marigôt*" (nach dem frz. mare) werden Bodensenken oder tote Nebenarme von Flussläufen bezeichnet, die einen saisonal stark fluktuierenden Wasserstand oder stehendes Oberflächenwasser aufweisen.

Oben: Marigôt in der Nähe von Banikoara
Unten: Quellfassung

### Senklöcher (*puisards*)

Die rudimentärste Form der Wasserhebung stellen sicherlich die Senklöcher (*puisards*) dar. Es handelt sich um bis zu zehn Meter tiefe Wasserlöcher, die ohne jeglichen Verbau zumeist in *marigôts* und Bodensenken abgegraben werden, welche in der Regenzeit überschwemmt sind. Die Löcher haben einen Durchmesser von 0,8 bis 1,0 m, der Brunnenkopf wird mit Rundhölzern stabilisiert und ist in der Regel enger als die Sohle der Löcher. Dem im Laufe der Trockenzeit absinkenden Grundwasserspiegel folgend werden die Löcher ständig vertieft. Handelt es sich um stabile Erdschichten und einen relativ schnell absinkenden Grundwasserspiegel, können die Wasserlöcher über das ganze Jahr hinweg benutzt werden, da das Risiko des Sohleneinbruchs minimal ist. Bei sandigem, instabilem Untergrund und nur langsamem Absinken des Grundwasserspiegels besteht dagegen die Gefahr, dass das Wasserloch trichterförmig einbricht, da die Sohle in diesem Fall regelmäßig von mit dem Wasserzufluss eingetragenem Sand befreit werden muss und damit die Schachtwände ausgewaschen und untergraben werden.

Aufgegebene Senklöcher

Das Graben dieser Wasserlöcher stellt – je nach Tiefe – keine hohen technischen Anforderungen und kann in nur wenigen Tagen geleistet werden. Oftmals werden diese Arbeiten auch von Frauen ausgeführt. Die Unergiebigkeit – oftmals nicht mehr als einige Liter pro Stunde – führt dazu, dass häufig mehrere Löcher gleichzeitig gegraben werden oder günstige Bodensenken gänzlich mit individuellen Wasserlöchern überzogen sind (zu beobachten nördlich von Guessou Sud auf der Strasse nach Kandi). Gegen Ende der Trockenzeit warten Frauen und Kinder oft stundenlang auf das nur langsam nachlaufende Wasser.

### Traditionelle Schachtbrunnen

Neben den oben genannten Methoden der Wasserversorgung handelt es sich beim Bau von Schachtbrunnen um eine weit verbreitete Technik der ländlichen Wasserversorgung, die in der Regel von spezialisierten, traditionellen Brunnenbauern ausgeführt wird. Von den Dörfern für einen vereinbarten Festpreis sowie Unterkunft und Verpflegung für den oder die Brunnenbauer finanziert, werden die Brun-

Mit Rundhölzern stabilisierte Öffnung eines traditionellen Schachtbrunnens.

Links: Kopf eines traditionellen Schachtbrunnens mit seitlich eingebrochener Brunnenwandung; rechts: Brunnenkopf eines traditionellen Schachtbrunnens bei Seougbato, Département Mono.

nen mit einem Durchmesser von 1,0 m bis 1,4 m mit rudimentären Werkzeugen (Brechstange oder Stoßbohrer und kurzstielige Hacke) abgeteuft.

Dieser Brunnentyp bietet sich bei flachgründigen Grundwasserkörpern in Lockergesteinen an. Das Grundwasser strömt vor allem über die Brunnensohle ein, sammelt sich in Zeiten, in denen nicht geschöpft wird (zum Beispiel über Nacht) und bildet damit ein Wasserreservoir. In der Regel kann man durch Vertiefen der Brunnen die zuströmende Wassermenge und damit auch die Speicherkapazität erhöhen.

In hygienischer Hinsicht sind diese offenen Systeme gefährdeter als zum Beispiel ein Bohrbrunnen. Auch ergeben sich häufig Verunreinigungen, wenn die Brunnenwände nicht ausgebaut sind (mit Natursteinen, Ringen oder Beton), da hier ein seitliches Einsickern von verschmutztem Oberflächenwasser fast unvermeidlich ist. Dies ist sehr häufig im festen Laterit des Südens der Fall, wo ein Ausbau der Brunnenwände aus statischen Gesichtspunkten kaum nötig erscheint und auch wegen der enormen Brunnentiefen sehr teuer wäre. In der Nähe von Segbouhoué ist eine solcher zu Kolonialzeiten von

Sträflingen gegrabener Brunnen mit drei Metern Durchmesser und ca. 90 Meter Tiefe zu besichtigen.

Bei beweglicherem Untergrund werden die Wände traditioneller Brunnen – oftmals nur in den instabilen Bereichen des Brunnenschachtes – rudimentär mit Grassoden, Zweiggeflechten, mit Steinsetzungen oder mit einem Holzverbau stabilisiert. Die Schwäche dieser Brunnen ist die geringe Eindringtiefe (selten mehr als 0,5 m) in die wasserführenden Schichten. Die Fördermengen sind entsprechend gering und die Brunnen trocknen in der Trockenzeit häufig aus. Die geringe Wassermenge zwingt zum Eintauchen der Ziehgeräte bis auf die Brunnensohle, und durch die Strömbewegung des Wassers kommt es zu Sandeinschwemmungen mit der längerfristigen Folge höhlenartiger Einbrüche (Kavernen) im Bereich der Brunnensohle. Dieselbe Problematik ergibt sich bei den häufigen, durch den ständigen Sandeintrag notwendigen Vertiefungsarbeiten. Die wasserführenden Erdschichten rutschen nach und die Erdeinbrüche können die Aufgabe des Brunnens zur Folge haben.

Der Brunnenkopf ist ebenerdig oder ragt nur wenige Zentimeter über die Geländeoberkante und ist in der Regel mit Rundhölzern verstärkt, über welche die Seile gezogen werden. Vor Verschmutzungen kann der Brunnen in dieser Weise nicht geschützt werden. Er stellt im übrigen auch eine hohe (Sturz-) Gefahr für Menschen und Tiere dar. Von einigen Ausnahmen abgesehen, sind diese Brunnen nur über wenige Jahre hinweg nutzbar.

## Moderne Schachtbrunnen

Moderne Schachtbrunnen verfügen über eine durchgehende Betonierung der Brunnenröhre bzw. eine durchgehende Auskleidung mit Brunnenringen. Im letzteren Fall sind die Ringe durch Eisenanker miteinander verbunden, verfügen über einen Falz und werden zudem mit Mörtel verfugt, um das seitliche Eindringen von Oberflächenwasser zu vermeiden.

Die Wasserfassung erfolgt mit – in manchen Fällen gelochten – Brunnenringen, die im Inneren der Betonröhre in die wasserführende Schicht abgeteuft werden. Der erste (unterste) Ring verfügt über

Links oben: Grabarbeiten im Brunnenschacht.
Links mitte: Zum Einbau vorbereitete gelochte Brunnenringe.
Links unten: Brunnenkopf mit zentraler Seilwinde, Mono, Anfang der 1990er Jahre.
Rechts oben: Anfang der 1980er Jahre gebauter Brunnen mit Seilwinde über dem Brunnenkopf, Bassila.

einen Senk- oder Schneidschuh, der das Absenken bzw. Abgraben der Brunnenringe erleichtert. Die Oberkante der Brunnenringe sollte hierbei ca. 1 m über der Unterkante der Betonröhre liegen, das heißt eine Überlappung von 1 m sollte gewährleistet sein, wobei der Zwischenraum zwischen Ringen und Betonwand mit Filterkies hinterschüttet wird. Da das Wasser in der Regel über die Brunnensohle eintritt, werden hier Kiesschüttungen verschiedenen Kalibers eingebracht, um das Wasser zu filtern. Auf diese Kiesschüttungen wird eine gelochte Grundplatte aus Beton gesetzt. Damit wird verhindert, dass die Schöpfeimer bei niedrigem Wasserstand die Brunnensohle aufwühlen und damit zerstören.

In hygienischer Hinsicht gilt vor allem der Ausführung des Brunnenkopfes große Aufmerksamkeit, wobei hier verschiedene technische Ausführungen zu beobachten sind. Über dem zwischen 80 und 100 cm hohen und 20 cm starken Brunnenrand wird entweder direkt eine Seilwinde installiert, die – im Paternoster-System – das Schöpfen mit zwei Eimern erlaubt; oder aber diese Winde wird seitlich des Brunnenkopfes installiert, wobei eine Umlenkung der Seile über Seilrollen erfolgt.

Um ein Verschmutzen der Transportgefäße zu vermeiden, ist der Brunnenkopf mit einem betonierten Trottoir von mindestens 4 m Durchmesser umgeben, auf welchem die Gefäße abgestellt werden können. Das nach außen geneigte Trottoir ermöglicht das Abfließen verschütteten Wassers über eine Rinne in einen Sickerschacht. Die Brunnen sind mit Eisendeckeln verschließbar, um Schmutzeintrag (Staub, Laub usw.) zu verhindern. Auch die Sonneneinstrahlung, welche die Bildung von Algen in der stets feuchten Brunnenröhre fördert, wird so reduziert.

### Bohrbrunnen

Mit Handpumpen versehene Bohrbrunnen bilden häufig eine direkte Alternative zu Schachtbrunnen, das heißt zur Versorgung einer Dorfgemeinschaft. Im Vergleich mit Schachtbrunnen können mit Bohrungen auch tiefer liegende Grundwasserleiter erschlossen werden.

Da es sich um geschlossene Systeme handelt, ist die Wasserqualität weit besser als die von Schachtbrunnen. Der Bau von Bohrbrunnen wird im Auftrag der *Direction de l'Hydraulique* durch internationale Firmen durchgeführt, die vorwiegend zusammen hängende und für die Bohrmaschinen gut zugängliche Regionen versorgen. Bis weit in die 90er Jahre kam eine Vielzahl von Handpumpen zum Einsatz, was dazu führte, dass sich Probleme bei der Beschaffung von Ersatzteilen und der Ausbildung von lokalen Mechanikern ergaben. Erst ab etwa Mitte 90er Jahre erfolgte eine Beschränkung auf drei Pumpentypen durch die *Direction de l'Hydraulique*. Etwa zeitgleich ging man dazu über, Nutzerkomitees zu bilden, denn in der Wahrnehmung der Bevölkerung, welche nur unzureichend in die Planungen einbezogen war, handelte es sich um staatliche Einrichtungen, für welche der Staat auch die Verantwortung und den Unterhalt zu übernehmen hatte.

## Zentrale Wasserversorgungen

Es handelt sich hier um Versorgungseinrichtungen, wie sie vor allem in größeren Ansiedlungen oder kleinstädtischen Zentren ausgeführt werden. Ein ergiebiger Bohrbrunnen versorgt hierbei mit Hilfe einer Motor- oder aber auch Solarpumpe einen Hochbehälter, von welchem aus verschiedene über Wasserleitungen verbundene Zapfstellen alimentiert werden.

# BRUNNENBAUPROGRAMM BENIN

## Die Anfänge (1972–1974)

Die Anfänge des Brunnenbauprogramms sind aus heutiger Sicht nur dann versteh- und nachvollziehbar, wenn man sie im Kontext der zeitgenössischen Entwicklungskonzepte und -ideologien und im Gesamtzusammenhang des Engagements des Deutschen Entwicklungsdienstes (DED) und der Deutschen Welthungerhilfe (DWHH) in Benin ab 1965 betrachtet. Ziel der entwicklungspolitischen Maßnahmen sollte es sein, die Selbsthilfekräfte einer Gruppe von Menschen zu fördern, das heißt ihre Eigeninitiative anzuregen und humane und materielle Reserven freizusetzen. Doch trotz dieses Anspruchs, „Hilfe zur Selbsthilfe" zu leisten, wurden die Partner nur unzureichend in die Planung und Durchführung der Maßnahmen einbezogen und kaum fachlich gefördert. Allen Ansätzen dieser Jahre ist gemein, dass Entwicklungskonzepte ausschließlich in den industrialisierten Ländern konzipiert wurden. Planungen erfolgten in der Regel in den Zentralen der Geberorganisationen und mangelnde Planungssicherheit wurde aufgefangen durch eine Politik, die der Devise „keine Mark ohne Mann" folgte. Der mit diesem Ansatz zwangsläufig verbundene hohe westliche Standard vieler Projekte (in Benin zum Beispiel die Krankenhäuser Banikoara und Savalou) bei nur geringem Engagement im Bereich der Förderung lokaler Fachkräfte führte dazu, dass eine Weiterführung der Vorhaben durch die Partner nahezu ausgeschlossen war und nach Abzug der externen Fachkräfte viele Entwicklungsruinen entstanden, weil dem Partner sowohl die finanziellen als auch die personellen Ressourcen fehlten.

Diesen Sachverhalt jedoch ausschließlich den Gebern anzulasten, wäre falsch. Im Raum der politischen Verantwortlichkeit – und damit auch stets mit Machtfragen verbunden – herrschte in Zusammenarbeit mit einer in Europa ausgebildeten Führungselite in aller Regel Konsens darüber, was modern bzw. entwickelt bedeutete, und die Propagierung von angepassten Technologien wurde vor allem von beniner Seite lange Zeit als Diskriminierung empfunden.

Betrachtet man das Engagement des DED in Benin im Zeitraum der 60er und 70er Jahre vor diesem Hintergrund, ist festzustellen, dass es sich lückenlos in diesen Rahmen einfügt. Es handelte sich – auch bedingt durch die fachlichen und strukturellen Schwächen der Partner – um selbst implementierte Entwicklungsprojekte mit einseitigem Wissenstransfer.

In Zusammenarbeit mit der Deutschen Gesellschaft für Technische Zusammenarbeit (GTZ) und dem CARDER Atlantique lag der Schwerpunkt der Arbeit im Projektbereich Ländliche Entwicklung und Sozialarbeit und konzentrierte sich auf den Ort Tori-Cada, eine kleine, bäuerliche Gemeinde unweit der größten Stadt des Landes, Cotonou. Im Rahmen des „community development"-Ansatzes sollte hier durch konzentriertes Engagement ein Musterdorf entwickelt werden, mit der dahinter stehenden Idee, die exemplarische Förderung eines Dorfes würde im Schneeball-Effekt und quasi naturgesetzlich weitere „entwickelte" Dörfer generieren und eine sich selbst tragende Entwicklung in Gang setzen.

Bis 1973/74 konzentrierten sich die Planungen des DED nahezu ausschließlich auf die von der GTZ angekündigte Ausweitung der Strategie „Musterdörfer Dahomey". Geplant waren 19 Entwicklungshelfer-Stellen. In und um den Projektort Tori-Cada sollten in einem Gebiet von über 200 km$^2$ 4.000 kleinbäuerliche Betriebe bei der Verbesserung der landwirtschaftlichen Produktion und deren Vermarktung sowie in den Bereichen Ernährung, Hygiene und des „allgemeinen Lebensstandards" beraten und unterstützt werden. Im Einzelnen erfolgten Maßnahmen in den Bereichen: Verbesserung der landwirtschaftlichen Produktionstechnik, Ernährungs- und Hygieneberatung, Häuser- und Schulbau, Vermarktung landwirtschaftlicher Produkte, Reparatur von Landmaschinen und Kraftfahrzeugen, Bau- und Möbeltischlerarbeiten, Anlage von Versuchsgärten, Aufbau einer Kleintierzucht-Beobachtungsstation, praktische Anleitung von Dorfhandwerkern und allgemeine Förderung des Handwerks, Wegebau und die Beratung von ländlichen Jugendclubs. In bescheidenem Maße erfolgten hier bereits erste Aktivitäten im Bereich Brunnen- und Latrinenbau. Zwischen 1965 und 1973 waren in diesem Vorhaben 64 (!) Entwicklungshelfer aus einem weiten Spektrum von Berufsfeldern tätig: Pharmakaufmann, Apothekenhelferin, Bauingenieur, Landwirt, Lehrerin, Industriekaufmann, Fernmeldemonteur, Kinderpflegerin, Ingenieur für Feinmechanik, Krankenschwester, Kindergärtnerin, Kfz-Mechaniker, Tischler, Sozialarbeiter, landwirtschaftlich-technische Assistenten, Arzthelferin usw.

Ähnliche Ansätze der ländlichen Entwicklung wurden in Gbeniki/Soroko, Gobada, Dogbo und Segbana verfolgt. Ein Element des Maßnahmenbündels war in fast allen Vorhaben auch der Bau bzw. die Reparatur von traditionellen Brunnen, da sich die Wasserversorgung schnell als ein wichtiges, wenn nicht *das* zentrale Problem der ländlichen Bevölkerung herausstellte.

In Gbeniki/Soroko (Borgou) wurden ab 1968 Brunnen gebaut. Die Aktivitäten wurden im Rahmen des DED-eigenen Projekts der ländlichen Entwicklung begonnen und im Vorfeld des Krankenhausbaus in Banikoara (ab 1972) sowie im Rahmen der Mütter- und Kinderberatung in den Folgejahren deutlich verstärkt. Außergewöhnlich lange Trockenzeiten, die hohe Motivation der Bevölkerung durch präventiv-medizinische Aufklärungskampagnen sowie die uneingeschränkte Befürwortung durch das DED-Gesundheitspersonal führten dazu, dass Brunnenbau ab 1974 zur Schwerpunktaktivität mit phasenweise zwei Entwicklungshelfern wurde. Bereits in der DED-Projektplanung für 1972/73 ist die Rede von einem „intensiven Brunnenbauprogramm im 1. Quartal 1972", wobei „Programm" hier selbstverständlich nur im Sinne eines Arbeitsprogramms zu verstehen ist.

Ab April 1973 war das Projekt in die Organisation du Développement Integré du Borgou, eine Vorläuferform des CARDER Borgou integriert.

In Gobada/Savalou (Zou) wurden 1974 die beiden ersten Brunnen an einer Krankenstation in Gobada sowie am Krankenhaus in Savalou gebaut. Dies wurde als präventiv-medizinische und allgemein entwicklungsfördernde Maßnahme gesehen. Bei dem Versuch, die Aktivitäten auf die Nachbardörfer auszudehnen, stieß man in der felsigen Region jedoch auf technische Schwierigkeiten, die mit den vorhandenen Hilfsmitteln nicht zu lösen waren. Im Jahre 1976 wurden die Aktivitäten im Brunnenbau aus diesem Grunde wieder aufgegeben.

Weitere Ansätze entwickelten sich im Rahmen des CARDER in Dogbo (Mono), wo seit 1972 Entwicklungshelfer als Landwirtschaftsberater und Reismaschinentechniker tätig waren. Es wurde hier übrigens bereits 1977 der erste Versuch unternommen mit dem Distrikt zu kooperieren. Ein erstes „comité des puits" wurde gegründet, welches aus zwei Volksschullehrern, einem Tierarzt, einem Krankenpfleger und dem Sekretär des Distriktchefs bestand. Die Aufgaben: Anstellung von Brunnenbauern, Auswahl der Dörfer und Überwachung des Baus. Darüber hinaus sollten Dörfer mit unzureichenden Eigenmitteln aus einem Fonds der Distriktverwaltung unterstützt werden. Dem Abschlussbericht des Entwicklungshelfers ist zu entnehmen, dass die Arbeit des Komitees wenig effizient war.

In Segbana (Borgou) sind erste Brunnenbaumaßnahmen ab August 1974 im Rahmen eines landwirtschaftlichen Beratungsprogramms belegt, in welchem zwei Entwicklungshelfer tätig waren. Lokaler Partner war die SONACO (Société Nationale de Coton), eine Vorläuferorganisation des CARDER.

Erfolgte der Bau von Brunnen bislang noch als eine von zahlreichen Maßnahmen, hatten sich ab 1974 spezialisierte Brunnenbauprojekte herausgebildet. Drei Gründe waren hierfür ausschlaggebend:
1. Die von der GTZ geplante Ausweitung der Strategie „Musterdörfer" konnte aus politischen Gründen nicht umgesetzt werden und

die darauf konzentrierten Personalplanungen des DED waren obsolet geworden. Es galt, alternative Entwicklungshelfer-Stellen zu schaffen.
2. Die Effizienz der Animationsarbeit durch Entwicklungshelfer wurde zunehmend kritisch gesehen. Man kam zu der Einsicht, dass dieser Bereich weit besser durch einheimische Fachkräfte mit den notwendigen Milieu- und Sprachkenntnissen abgedeckt werden konnte.
3. Seit Beginn der 70er Jahre war der DED mit Ärzten und Krankenschwestern im Gesundheitsbereich tätig. Unter dem Druck des Gesundheitspersonals kam der verbesserten Wasserversorgung der Dörfer zentrale Bedeutung zu, ohne welche alle präventiv-medizinischen Anstrengungen zum Scheitern verurteilt waren. Hier orientierte man sich an ähnlichen Ansätzen in Obervolta und Niger, die bereits in den 60er Jahren durchgeführt worden waren.

In der ersten Phase, das heißt von 1965 bis 1974 erfolgte der Bau bzw. die Reparatur von Brunnen ausschließlich in Zusammenarbeit mit lokalen, traditionellen Brunnenbauern. Anspruch der Maßnahmen war es, die traditionellen Brunnen in der Weise zu verbessern, dass eine ganzjährige Wasserversorgung gewährleistet war. Die Arbeit der Entwicklungshelfer beschränkte sich auf organisatorische und logistische Arbeiten. Mangelnde Fachkenntnisse, aber auch die Strategie „Hilfe zur Selbsthilfe" führten dazu, dass das technische Niveau – in der Rückschau zumindest – viel zu niedrig angesetzt wurde und die in diesem Rahmen erstellten Brunnen in der Regel weder ausreichendes noch qualitativ gutes Wasser erbrachten. Man knüpfte unmittelbar an die Methoden und Techniken des traditionellen Brunnenbaus an und versuchte lediglich, diese mit geringem Mittel- und Materialeinsatz (Zement und Eisen) zu verbessern. Der Mangel an fachlichem Austausch und externem Wissen sowie die Tatsache, dass Brunnenbau nur als eine von zahlreichen Maßnahmen durchgeführt wurde, führte zu einer Vielzahl technischer und organisatorischer Ansätze. Hygienefragen, Fragen der Wartung usw. wurde keine Bedeutung zugemessen.

Diese Situation änderte sich erst mit dem Aufbau der Brunnenbauprojekte in Soroko, Segbana, Savalou und Dogbo. Zwar handelte es sich auch hier um „fachfremde" Entwicklungshelfer, aber die gemeinsame Zielsetzung, vergleichbare Problemfelder und vor allem der nun regelmäßig stattfindende Informations- und Erfahrungsaustausch setzten eine Entwicklung und Eigendynamik in Gang, die – über technische Fragen hinaus – den Brunnenbau im Rahmen des gesamten entwicklungspolitischen Beitrags des DED zu verorten versuchte.

## Verortungsversuche (1974–1981)

In der Folge sollen wesentliche Programmelemente und Diskussionsfelder dargestellt werden, die bereits in der Anfangsphase des Programms kontrovers diskutiert wurden. Widersprüche waren dabei nicht zu vermeiden; Entscheidungen in einem Bereich zogen Konsequenzen in anderen nach sich: so können zum Beispiel Fragen der Projektübergabe nicht losgelöst von der Problematik der Trägerschaft gesehen werden. Auch wird die Strategie der „Hilfe zur Selbsthilfe" notwendigerweise zu Beschränkungen im Bereich technischer Hilfsmittel führen, sowie der partizipative Ansatz zur Notwendigkeit angepasster Koordinations- und Steuerungsinstrumente.

### Hilfe zur Selbsthilfe – Partizipation

Zentrales, entwicklungspolitisches Prinzip des Selbsthilfeansatzes war die Partizipation der Bevölkerung. Wobei der Begriff „Partizipation" sich ausschließlich auf finanzielle, materielle und physische Eigenleistungen der Nutzer bezog. Man würde heute also eher von „Eigenleistungen bzw. Eigenbeiträgen" der Zielgruppe sprechen, mit allerdings entscheidenden und von den Entwicklungshelfern auch so wahrgenommenen Folgen für Akzeptanz und Wartung der Brunnen.

Es scheint wichtig, darauf hinzuweisen, dass es sich bei diesem „partizipatorischen Ansatz", der bis heute als Kernstück der Programmpolitik gesehen wird, keineswegs - wie oft behauptet - um eine entwicklungsstrategische Innovation des Brunnenbauprogramms handelte, sondern um die Weiterführung dörflicher Traditionen. Da die Dorfbevölkerung zumeist nicht in der Lage war, die Probleme der Trinkwasserversorgung selbständig zu lösen, wurden spezialisierte Brunnenbauer (traditionelle Brunnengräber) beauftragt und von der Dorfgemeinschaft, in manchen Fällen auch von reichen Dorfmitgliedern bezahlt. Wegen der häufig langen Wegstrecken wurden die Brunnengräber während der Bauzeit im Dorf beherbergt und verköstigt. Auch machte die physisch sehr beschwerliche Arbeit die Mithilfe der Dorfgemeinschaft bei den Grabarbeiten erforderlich. Das Brunnenbauprogramm übernahm damit also ein traditionelles Arbeits- und Vertragsschema, das für die Dorfgemeinschaften durchaus gebräuchlich war und in vielerlei Hinsicht auch Sinn machte. Zum einen entsprach es der entwicklungspolitischen Strategie, Vorhaben – wo möglich – an bestehende Organisationsformen anzubinden und diese zu stärken, zum anderen hatten Erfahrungen staatlicher Brunnenbau-Kampagnen ohne Beteiligung und Eigenleistung der Bevölkerung den Nachweis erbracht, dass sich daraus negative Konsequenzen für Akzeptanz und Wartung der Brunnen ergaben.

Und noch eine weitere Konsequenz wurde aus dem oben Dargestellten abgeleitet: das Prinzip, dass eine Intervention der Projekte zum Bau oder zur Reparatur eines Brunnens grundsätzlich nur dann erfolgen kann, wenn dies von der Bevölkerung gewünscht und in Form einer offiziellen Anfrage über die Distriktverwaltungen oder direkt an die Projektverantwortlichen manifestiert wird. Dieser Schritt setzt einen Prozess der Meinungsbildung und Entscheidungsfindung auf Dorfebene voraus, der als wichtige Voraussetzung für die erfolgreiche Umsetzung der Maßnahmen gesehen wird. Obwohl man also in den frühen Jahren des Programms noch nicht von einem partizipativen Ansatz in heutigem Sinne sprechen kann, lässt sich aus der Bereitschaft der Dörfer, sich finanziell und durch Arbeitsleistung an den Maßnahmen zu beteiligen, doch ein Problembewusstsein und die Motivation zur Selbsthilfe ableiten.

Da es sich bei den Entwicklungshelfern der Fachgruppe Brun-

nenbau ausschließlich um technisch ausgebildete Mitarbeiter handelte, wurde der Anspruch der Hilfe zur Selbsthilfe in erster Linie pragmatisch diskutiert und in zwei konkrete Fragen übersetzt:
- Welches technische Niveau ist angemessen im Hinblick darauf, dass der Bau und der Unterhalt von Brunnen durch die Dörfer selbst durchgeführt und gesichert werden kann?
- Welche Beiträge – außer der finanziellen Beteiligung – haben die Dorfbewohner beim Bau eines Brunnens zu erbringen?

In der Frage des angemessenen technischen Niveaus herrschte Konsens: Es sollte, durch die Anwendung einfachster Werkzeuge und Techniken, von den Dörfern erstens finanzierbar und zweitens beherrschbar sein. Ziel war es weiterhin, die Brunnen möglichst wartungsfrei zu bauen. Unterhalt und Reparaturen sollten ohne Hinzuziehung von Fachleuten (Brunnenbauer, Mechaniker) durch die Dorfbewohner selbst gewährleistet werden können.

Es erwies sich jedoch sehr schnell, dass der Anspruch, mit rudimentären, dem dörflichen Technikverständnis angepassten Mitteln und Werkzeugen wartungsfreie, das heißt qualitativ gute Brunnen zu bauen, nicht zu verwirklichen war. Bereits 1978 kamen die ersten Kompressoren und Pumpen zum Einsatz. Selbstkritisch musste man sich eingestehen, dass die technische Komplexität der Baumaßnahmen sowie Fragen der Sicherheit eindeutige Grenzen in Bezug auf Selbsthilfemaßnahmen setzten. Zumindest langfristig waren kompetente staatliche Institutionen für einen Teil der Wartung der Brunnen unvermeidlich.

Dieses Spannungsfeld zwischen dem technisch Möglichen und dem technisch Sinnvollen beherrschte die Programmdiskussionen über Jahre hinweg. Aus heutiger Sicht ist festzustellen, dass der Bau von Brunnen und die Erschließung gesundheitlich unbedenklichen Trinkwassers ein technisch anspruchsvolles und auch mit hohen Risiken behaftetes Vorhaben ist, im Rahmen dessen Selbsthilfeansätze nur bedingt umsetzbar sind.

In der Frage angemessener dörflicher Beiträge stellte man fest, dass die Mitarbeit im Norden des Landes weit ausgeprägter sei. Begründet schien dies in der Tatsache, dass es sich hier in der Regel um kleinere und homogene Dörfer handelte. Auch führe der klimatisch bedingte Wassermangel zu einem weit höheren Leidensdruck und damit zu größerer Bereitschaft zur Mitarbeit. Ein Problem wurde allerdings darin gesehen, dass bestimmte Ethnien (in erster Linie die Fulbe im Norden des Landes) traditionell keine Erdarbeiten durchführen, sondern hierfür Arbeiter anderer Ethnien einstellen und bezahlen und damit den Selbsthilfegedanken im „klassischen Sinn" unterliefen.

Im Süden des Landes stellte sich die Situation anders dar. Hier schien der Selbsthilfegedanke auf demographische und soziale Hindernisse zu stoßen. Im vergleichsweise dichtbesiedelten Département Mono, mit einer Bevölkerungsdichte von ca. 160 Einwohnern/km$^2$, hatte man es entweder mit großen, ethnisch durchmischten Dörfern zu tun oder aber, in der Region der Schwarzerde (nord-westlich von Bopa), mit Streusiedlungen ohne erkennbare Infrastruktur und soziale Kohärenz. Brunnen wurden dort in der Regel auf neutralem Gelände gebaut, um mehrere Siedlungen gleichzeitig mit Wasser zu versorgen. In der Folge musste man feststellen, dass sich niemand für den Unterhalt verantwortlich fühlte. Sowohl durch die Größe der Dörfer als auch durch die mangelnde Homogenität schien es schwierig, Ansätze zur Selbsthilfe zu initiieren und zu fördern. Ein Ausweg wurde darin gesehen, Brunnen für einzelne Dorfviertel zu erstellen, aber auch hier waren keine überzeugenden Ergebnisse in Bezug auf den Unterhalt zu erreichen. Eine Erfahrung, welche allerdings nicht nur auf den Süden beschränkt werden kann. Ein weiteres Problem ergab sich aus der Tatsache, dass viele der Brunnen im Privatbesitz großer und meist reicher Familien waren, die das Wasser an die Dorfbewohner verkauften und sich von daher keine Motivation und Verantwortlichkeit seitens der Gemeinschaft entwickeln konnte.

Worin bestand nun konkret die für den Selbsthilfeansatz so wesentliche „Partizipation" der Bevölkerung?

## Arbeitsleistung

In den frühen Jahren des Programms überließ man es den Betroffenen, die Ausschachtungsarbeiten durchzuführen. Diese Arbeiten übernahmen sie entweder selbst, oder sie beauftragten gegen Bezahlung einen oder mehrere traditionelle Brunnenbauer damit. Häufig ergaben sich daraus Zielkonflikte für die fast ausschließlich bäuerliche Klientel, denn die Bereitstellung von Arbeitskräften führte, vor allem in der Hauptanbausaison, zu einer landwirtschaftlichen Minderproduktion und damit zu zusätzlichen finanziellen Belastungen. Auch kristallisierten sich zunehmend Bedenken der Projektverantwortlichen bezüglich dieser Praxis heraus. So war die Qualität der Arbeiten oft nicht zufrieden stellend. Darüber hinaus wurden Sicherheitsfragen aufgeworfen, denn durch die Ausweitung der Aktivitäten hatten die Entwicklungshelfer nun häufig mehrere Baustellen parallel zu betreuen. Es war damit kaum mehr möglich, die Einhaltung der Sicherheitsvorkehrungen zu überwachen. Da alle Projekte dazu übergegangen waren, mit festen Baumannschaften zu arbeiten, wurden die Ausschachtungsarbeiten zunehmend von mit Sicherheitsfragen immerhin vertrauten Projektmitarbeitern geleitet. Die Bevölkerung hatte jedoch im Regelfall Hilfsarbeiten zu leisten sowie Sand, Kies und gegebenenfalls auch Wasser für die Betonierarbeiten zur Verfügung zu stellen

## Finanzielle Beteiligung

Der finanzielle Beitrag der Dörfer bestand in erster Linie in der Übernahme der Lohnkosten für die Brunnenbauer. Dies war aus arbeitsrechtlichen Gründen erforderlich, denn weder der DED noch die DWHH konnten im Rahmen des Kooperationsabkommens die Funktion von Arbeitgebern übernehmen. Auftraggeber im rechtlichen Sinn waren die Dorfgemeinschaften. An dieser Tatsache hat sich bis heute nichts geändert.

Das Lohnniveau der Brunnenbauer sowie dessen Berechnung variierten von Projekt zu Projekt. Es handelte sich entweder um Festpreise pro Brunnen, aus denen fixe Monatsgehälter bezahlt wurden (mit einem hohen Gewinn- oder Verlustrisiko, das sich aber langfristig ausglich) oder um Meterpreise für die Ausschachtung und später auch die Herstellung von Brunnenringen.

1977 betrug der von den Dörfern zu entrichtende Festpreis in Soroko (Nordbenin) beispielsweise 30.000 FCFA. Die monatlichen Gehälter der Brunnenbauer variierten zwischen 5.000 FCFA (einfacher Arbeiter) und 7.000 FCFA (für einen Vorarbeiter oder Maurer). In Segbana (Nordbenin) wurden die Brunnenbauer mit 2.000 FCFA pro Meter bezahlt. Geht man von einer Durchschnittstiefe von 15 Metern aus, erreicht man in etwa gleiche Lohnkosten.

Im Süden (Mono) stellte sich mit den zum Teil enormen Brunnentiefen, aber relativ einfach und schnell zu grabenden Erdschichten (Laterit) die Situation etwas anders dar. Der Meterpreis pro Mannschaft (in der Regel vier Brunnenbauer) betrug 1.250 FCFA. Bei einer Durchschnittstiefe von 50 Metern beliefen sich die Lohnkosten auf 62.500 FCFA. Die Materialkosten (im wesentlichen Zement, Kies und Eisen) beliefen sich Mitte der 70er Jahre pro Brunnenmeter auf ca. 6.000 FCFA. Bei durchschnittlichen Brunnentiefen im Mono von 50 m also auf ca. 300.000 FCFA, im Norden bei Tiefen um 15 m auf ca. 90.000 FCFA pro Brunnen.

Damit bewegte sich der von den Dörfern zu übernehmende Lohnanteil zwischen 20 und 30 Prozent der Materialkosten.

## Unterkunft und Verpflegung

Wurden Brunnenbauer verpflichtet, war es Aufgabe des Dorfes, diese während der Bauzeit – die unter Umständen mehrere Monate betrug – zu beherbergen und zu verpflegen. Diese Aufwendungen sind zwar schlecht quantifizierbar, man kann aber davon ausgehen, dass sie sich im Falle einer Brunnenbaumannschaft von vier Personen leicht auf mehrere zehntausend FCFA beliefen.

Der Begriff „Hilfe zur Selbsthilfe" wurde – zeitgemäß und pragmatisch – in einer sehr engen Weise definiert. Die Dorfbewohner sollten technisch und finanziell bei der Lösung eines punktuellen Problems (Bau eines Brunnens) unterstützt werden. Auf strukturelle, langfristige Veränderungen im Sinne eines „Empowerment" der Zielgruppe wurde nicht abgezielt. Hierzu fehlten, bis zu Beginn der 90er

Jahre, nicht nur die fachliche Kompetenz (Beratung, Animation), sondern auch die finanziellen Mittel. Indikator für die Bereitschaft der Zielgruppe, „ihre" Probleme zu lösen, war der genau definierte finanzielle und physische Eigenbeitrag der Dorfbevölkerung, welcher, noch unbelastet von späteren Entwicklungskonzepten, als „Partizipation" bezeichnet wurde.

## Die Trägerfrage

Die Problematik bzw. die Schwäche lokaler Träger von Entwicklungsprojekten betraf in den Anfangsjahren nicht nur das Brunnenbauprogramm, sondern im Grunde alle Vorhaben des DED und anderer westlicher Entwicklungsagenturen in Benin. Zwei Elemente waren hierfür Ausschlag gebend: Die nach der Unabhängigkeit 1960 sich nur langsam herausbildenden politisch-administrativen Strukturen und Verantwortlichkeiten, verschärft durch den ideologischen Umbau der gesamten Gesellschaft nach einem marxistisch-leninistischen Leitbild ab 1972. Einer der politischen Schwerpunkte war hierbei die Befreiung von der Fremdherrschaft (domination étrangère) sowie die Entwicklung eines Vertrauens auf die eigenen Kräfte („comptons sur nos propres forces").

Zu Beginn des Jahres 1972 legte die Regierung einen zweijährigen Entwicklungsplan vor, welcher aber im Grunde nur aus einer Aufzählung von Projekten bestand, ohne Schwerpunkte zu benennen. Auch die Rolle ausländischer Hilfe, die in öffentlichen Verlautbarungen im Allgemeinen hoch angesetzt wurde, war darin nicht spezifiziert. Die Entwicklungsdienste fanden keinerlei Erwähnung, wie überhaupt die Frage der Personalplanung und damit der Verantwortlichkeiten nicht berührt wurde.

Konkret bedeutete dies, dass man den Entwicklungsdiensten in ganz pragmatischer Sicht zwar die nötige Bewegungsfreiheit einräumte – solange sie nur die Staatsinteressen unterstützten – dass man sie jedoch im politischen Raum nicht wahrnehmen wollte. Im Falle der DED-Brunnenbauaktivitäten kam sicherlich noch die Tatsache hinzu, dass es sich um ein personell und finanziell eher bescheidenes Vorhaben handelte.

Seitens der Geber und Freiwilligendienste führte diese Situation zur Praxis selbst implementierter Projekte ohne oder mit nur formalen Trägerstrukturen. Es wurden Entwicklungshelfer entsandt, ohne dass es zu Absprachen mit den hierfür zuständigen Stellen gekommen wäre. Oder es setzten sich – umgekehrt – die Leiter lokaler staatlicher Dienste (im Falle der DED-Vorhaben die Chefs der CARDER) direkt mit den Freiwilligenorganisationen in Verbindung, ohne die vorgesetzten Stellen (im Falle der CARDER das Landwirtschaftsministerium) zu informieren. Diese Praxis wurde erst 1975 durch Regierungsbescheid unterbunden. Fortan hatten alle Anfragen auf einem komplizierten hierarchischen Weg zu erfolgen: Vom örtlichen Partner über mittlere Instanzen zum zuständigen Ministerium, von dort über das Planungsministerium, das Außenministerium und die Botschaft an den jeweiligen Freiwilligendienst.

Rein formal waren die vier Brunnenbauprojekte des Jahres 1974 in die CARDER eingegliedert. Dies schien nach der Entwicklung der Projekte aus der ländlichen Entwicklung heraus auch durchaus folgerichtig. De facto arbeiteten die Entwicklungshelfer jedoch weitgehend unabhängig von lokalen Strukturen, die durch ihren schwerfälligen Beamtenapparat, nicht deckungsgleiche Zielsetzungen und permanente Mittellosigkeit eher als hemmend wahrgenommen wurden. Für die Entwicklungshelfer war damit zwar weitgehend selbständiges Arbeiten möglich, umgekehrt wurden die Projekte jedoch aus Sicht der Beniner als rein deutsche Projekte wahrgenommen, und aus dieser Sicht der Dinge konnte im Grunde auch keine Verpflichtung zu Partnerleistungen abgeleitet werden. Es entstanden bereits hier Parallelstrukturen, welche sich trotz späterer formaler Anbindungen und Bemühungen im Grunde nie inhaltlich zusammenführen ließen. Auch wurde im Hinblick auf den selbsthilfeorientierten Projektansatz bei der Zusammenarbeit mit den CARDER die nicht von der Hand zu weisende Gefahr gesehen, dass die Dörfer die Motivation zur Mitarbeit und zum Unterhalt der Brunnen verlieren könnten, weil „der Staat" die von ihm erstellten Brunnen auch selbst zu unterhalten habe.

Wie verfahren die Situation war, drückt sich deutlich in nachfolgendem Zitat aus der damaligen DED-Projektplanung aus: „Es bleibt abzuwarten, ob die neu besetzte Spitze des Landwirtschaftsministeriums einer weiteren Zusammenarbeit mit ausländischen Freiwilligenorganisationen positiv gegenübersteht; z.z. wird in diesem Ministerium geprüft, inwieweit die Arbeit von Freiwilligen auf dem Landwirtschaftssektor noch erwünscht ist. Erschwerend kommt hinzu, dass nach neuen Anordnungen der Regierung die örtlichen CARDER-Verantwortlichen sich nicht mehr direkt an die Beauftragten der ausländischen Freiwilligenorganisationen wenden dürfen. Eventuelle neue Anfragen müssen direkt vom Landwirtschaftsministerium an die Freiwilligenorganisationen beantragt werden. Hierdurch wird sich voraussichtlich eine enorme administrative Verzögerung ergeben."

Diese als unbefriedigend wahrgenommene Situation sollte noch viele Jahre lang bestehen. Noch in der Landesprogrammplanung 1980/81 vermerkte der Landesbeauftragte: „Die Brunnenbauprojekte des DED sind lediglich formal in die einzelnen CARDER auf Distriktsebene integriert, faktisch völlig freischwebend."

Bezüglich der Frage der „Projektintegration" war man sich auf Seiten des DED einig, dass die Integration der DED-Projekte in die staatliche Struktur im Prinzip der fachlich richtige Schritt wäre. Allerdings wurde zu bedenken gegeben, dass der Service de l'Hydraulique über keine Planung verfüge, zu teuer sei, unwirtschaftlich arbeite und nicht über die notwendigen Mittel verfüge. Auch sei nicht zu erwarten, dass sich die Aktivitäten dieses Staatsdienstes auf die vom DED bedienten Bevölkerungsgruppen in marginalen Zonen ausdehnen würden. Neben der Planungsunsicherheit auf politisch-administrativer Ebene herrschte aber sicherlich auch ein Unbehagen seitens der Entwicklungshelfer vor, sich durch lokale Autoritäten, seien es nun die Chefs der CARDER oder, später, die Chefs der Distrikte, instrumentalisieren und zu politischen oder privaten Zwecken missbrauchen zu lassen.

Vorläufig sah man nur die Möglichkeit, die Zusammenarbeit mit den Distriktverwaltungen zu verstärken, die 1978 im Zuge der Territorialreform eingerichtet wurden. Auf dieser Ebene hatten sich, schon bedingt durch die räumliche Nähe, bereits konkrete und handlungsbezogene Zusammenarbeitsformen entwickelt. Hintergrund dieser Strategie war es aber auch, den Staat nicht gänzlich von seiner Verantwortung zu entbinden und sich damit die Option einer späteren Anbindung an den staatlichen Service de l'Hydraulique offen zu halten.

Zusammenfassend kann festgestellt werden, dass eine klare Politik weder von der einen noch von der anderen Seite zu erkennen war. Man arrangierte sich. Im politischen Raum wurde die Arbeit der Freiwilligendienste aus ideologischen Gründen nicht gewürdigt aber geduldet; der an sich fachlich zuständige Dienst, der Service de l'Hydraulique, zeigte kein Interesse an den im Vergleich zu den großen Bohrbrunnenprogrammen bescheidenen Aktivitäten des DED; das Beauftragtenbüro klagte über die Unzulänglichkeit der staatlichen Stellen und die Entwicklungshelfer suchten ihre Freiräume zu wahren.

Erst mit dem Engagement der DWHH ab 1981, verbunden mit der Forderung, die Trägerschaft des Vorhabens eindeutig zu klären, rückte diese Frage wieder in den Vordergrund. Auch wenn im ersten Kooperationsabkommen mit der DWHH noch sowohl der DED Berlin als auch das Planungsministerium Benin als Projektträger ausgewiesen sind – es handelte sich hier ganz offensichtlich um eine Verlegenheitslösung – wurde ein neuer Diskussionsprozess eingeleitet, der das gesamte Spektrum möglicher Trägerstrukturen umfasste (CARDER, *Service de l'Hydraulique*, Landwirtschaftsministerium, Planungsministerium, Gesundheitsministerium, *Travaux Publics*) und erst in der folgenden Programmphase, 1984, mit der definitiven Anbindung des Programms an die *Direction de l'Hydraulique* sein Ende finden sollte.

## Der Übergabemythos

Entwicklungspolitisches Ziel des Vorhabens war es – ganz in Übereinstimmung mit der zeitgemäßen DED-Politik – darauf hinzuarbeiten, dass die Aktivitäten nach dem Rückzug der Entwicklungshelfer von lokalen Fachkräften im Rahmen nationaler oder lokaler Strukturen weitergeführt werden konnten. Man sprach in diesem Zusammenhang von „Projektübergabe". Aus heutiger Sicht scheint es mehr als erstaunlich, mit welcher Hingabe diese Problematik bereits ab Mitte der 70er Jahre von den am Programm Beteiligten diskutiert wurde. Dies, obwohl sich die Projektarbeit selbst noch im Prozess der Strukturierung befand, die Frage der Trägerschaft völlig offen war und man im Grunde eigentlich nicht wusste, was denn an wen übergeben werden könnte. Gleichzeitig wurde aus den offensichtlichen Schwächen der Partnerstrukturen gefolgert, dass die „Projekte über einen langfristigen Zeitraum (evtl. 10 bis 15 Jahre) nicht übergeben werden können". Man war ganz offensichtlich an einem Punkt angelangt, wo entwicklungspolitische Theorieansätze, das heißt die Forderung nach Integration der Maßnahmen in staatliche Entwicklungsprogramme und die Realität der Projektarbeit – die ja gekennzeichnet war durch weitestgehende Unabhängigkeit von allen lokalen Strukturen – nicht oder noch nicht in Einklang zu bringen waren.

Für den DED Benin wurden daraus 1979 scheinbar radikale Konsequenzen gezogen: „Die landesspezifischen Projektkriterien haben hieraus die äußerst wichtige Konsequenz gezogen, dass ein Projekt auch dann begonnen werden kann, wenn die Übergabe noch nicht absehbar ist. Dies entspricht einem Umdenken im Bereich der deutschen Entwicklungshilfe über LLDCs. Allgemein wird inzwischen anerkannt, dass Entwicklungshilfe nicht umhinkommen kann, einen noch stärkeren Subventionscharakter anzunehmen. Dies bedeutet in der Konsequenz für den DED Bénin, nicht nur den ‚Übergabemythos' endgültig abzustreifen, sondern gesteigerten Wert auf die Hingabe finanzieller Mittel über den Projektplatz zu legen (Material am Arbeitsplatz, verlorene Zuschüsse)."

Man bezog sich hierbei auf einen Diskussionsprozess, geführt im Wissenschaftlichen Beirat des BMZ im Jahre 1977, der in allgemeiner Form die Einforderung von Partnerleistungen problematisierte: Aus Entwicklungshilfemitteln sollten in noch stärkerem Maße als bisher lokale und laufende Kosten finanziert werden, da die budgetären Beschränkungen in den am wenigsten entwickelten Ländern ein Faktum seien. Auf die Zurverfügungstellung von Counterpart-

Leistungen sollte dort verzichtet werden, wo eine solche Forderung unrealistisch war.

Innerhalb der Fachgruppe wurden indessen ganz pragmatische Möglichkeiten diskutiert. Man ging davon aus, dass es zunächst galt, die Träger – zu diesem Zeitpunkt die CARDER – finanziell zu unterstützen, damit diese über die notwendigen Mittel zur Weiterführung der Aktivitäten verfügen. Eine Aufgabe, das sah man allerdings ein, die der DED nicht leisten könne; hier seien andere Geber gefordert. Gleichzeitig sollte die Ausbildung der Baumannschaften vorangetrieben werden. Dies schien aber nur unter der Voraussetzung möglich, dass ein äußerst niedriges technisches Niveau angesetzt würde: Beispielhaft sei hier der Vorschlag der Fachgruppe genannt, im Norden (Soroko) Ochsenkarren zum Transport von Material und Werkzeugen einzusetzen, um damit die Abhängigkeit der Arbeiten von Entwicklungshelfer und Fahrzeug zu vermindern. Kurioserweise erfolgte die Forderung nach Ochsenkarren in etwa zeitgleich mit der Ausstattung der Projekte mit Kompressoren, Pumpen und Presslufthämmern, einer technischen Aufrüstung also, die nicht zuletzt deshalb durchgeführt wurde, weil man eine mangelhafte Wartung der Brunnen befürchtete und dieser Gefahr durch qualitativ bessere Brunnen vorbeugen wollte.

Jeweils ein Mitglied der Baumannschaften sollte die Rolle des Projektleiters übernehmen und in dieser Funktion auch die Verhandlungen mit den zuständigen Stellen (CARDER, Distrikt) führen. Unter dieser Voraussetzung sah man die Möglichkeit eines sukzessiven Rückzugs der Entwicklungshelfer, die dann lediglich Koordinationsaufgaben für mehrere Projekte gleichzeitig wahrzunehmen hätten.

In diesem Zusammenhang wurde auch erstmals die Frage nach Counterparts aufgeworfen, wobei sich allerdings ein Vertrauensproblem bezüglich der Verwaltung von Projektmitteln stellte. Dieser Schritt erschien daher zunächst nicht realistisch.

Zwei Jahre später wurde in der DED-Landesprogrammplanung festgestellt: „Nach allen Erfahrungen und unter Berücksichtigung des hohen Mitteleinsatzes sind die Brunnenbauprojekte des DED schlechterdings nicht integrierbar, solange es nicht Finanzierungen für einzelne Institutionen wie die für die ländliche Entwicklung zuständigen CARDER gibt. Hierbei ist aufgrund der Erfahrungen im CARDER Atl. immer noch die Frage, ob eine derartige Integration im Interesse der Effektivität der Projekte, welche sich *auch* an der Mobilisierung der Dorfbevölkerung zur Mitarbeit beim Brunnenbau, ohne Einschaltung bürokratischer Zwischeninstanzen misst, wünschenswert wäre."

In der Rückschau ist festzustellen, dass die Entwicklungshelfer über einen sehr langen Zeitraum hinweg in naiver Weise, das heißt unter Verkennung, ja Verklärung der Kompetenz und der Leistungsfähigkeit sowohl des Programms als auch der Partner versuchten, die Kluft zwischen Anspruch und Wirklichkeit zu schließen. Insofern wäre hier tatsächlich, wie oben zitiert, von einem Mythos zu sprechen. Tatsächlich wurden diese Diskussionen bis weit in die 90er Jahre in fast kultischer Weise geführt bzw. von den Organisationen gefordert, obwohl kaum Anstrengungen unternommen wurden, die Partnerseite in der notwendigen Weise zu fördern. So erfolgte weder ein Engagement im Bereich der institutionellen Förderung, noch waren nennenswerte Aktivitäten im Bereich der Ausbildung lokaler Fachkräfte oder der Zielgruppen festzustellen. Nach wie vor war das Verhältnis dem Träger gegenüber eher durch mangelndes Vertrauen in dessen Kompetenz und guten Willen gekennzeichnet.

**Programmsteuerung**

Aus institutioneller Sicht sollte die fachliche Begleitung der Aktivitäten seinerzeit durch das Fachreferat Technik-Handwerk des DED gewährleistet werden. Dieser Anspruch konnte jedoch nie wirklich mit Leben gefüllt werden, wohl auch deshalb, weil es sich um eine sehr spezifische Aufgabenstellung handelte und wenig Referenzen und Dokumente vorlagen. Konzeptionelle Fragen fielen allerdings in den Zuständigkeitsbereich des Fachreferats Landwirtschaft. Diese etwas fremd anmutende und inhaltlich kaum nachvollziehbare Zuordnung erklärt sich historisch aus der Entwicklung des Programms aus der landwirtschaftlichen Beratung innerhalb der CARDER.

Die mangelnde Unterstützung von außen, beschränkte fachliche

Kompetenzen, knapp bemessene Projektmittel sowie zeitaufwendige und schwerfällige Entscheidungsprozeduren stellten die größten Hemmnisse in der Entwicklung des Programms dar. Verantwortlich für die Planung und Programmsteuerung war der DED-Beauftragte, der diese Aufgabe, als eine unter vielen, nur leisten konnte, indem er der Fachgruppe und dem Mitbestimmungsausschuss weitgehende Entscheidungsbefugnisse einräumte. Beispielhaft sollte man sich vor Augen führen, dass jeder einzelne Beschaffungsantrag aus den Projekten, auch wenn es sich um gängige Arbeitsmaterialien wie Zement handelte, schriftlich begründet werden musste, ehe er dem Mitbestimmungsausschuss – einem fachfremden Gremium – zur Entscheidung vorgelegt wurde. Die in der Regel beschränkten Finanzmittel führten dann zu häufigen Verteilungskämpfen zwischen den Fachgruppen. Der geschilderte Sachverhalt belegt einerseits die basisdemokratische Orientierung des DED in den frühen Jahren, zeigt jedoch andererseits auch die begrenzte Effizienz eines solchen Ansatzes. Es ist dem Engagement der einzelnen Entwicklungshelfer zu verdanken, dass die Arbeit trotz des Fehlens effizienter Managementinstrumente in befriedigender Weise ausgeführt werden konnte.

Neben den Projektplanungen, welche der Beauftragte des DED für einen Zweijahreszeitraum zu erstellen hatte und welche die Gesamtheit des DED-Engagements umfaßte, gab es keine verbindlichen Vorgaben für die Arbeit des Brunnenbauprogramms. Diese Situation änderte sich erst mit dem Engagement der DWHH ab 1981. Im Rahmen dieses Kooperationsabkommens wurde es erstmals notwendig, detaillierte Kosten- und Leistungspläne zu entwickeln und damit die Aktivitäten zu planen und zu strukturieren. Eine nachhaltige Verbesserung der Programmsteuerung erfolgte mit dem Einsatz eines Programmassistenten ab 1983.

Zusammenfassend lässt sich feststellen, dass sich bereits in der frühen Phase des Brunnenbauprogramms eine breit angelegte Diskussion über Grundlagen und Perspektiven der Arbeit entwickelte. Wenn man auch, wie oben dargestellt, den theoretischen Anforderungen nicht ohne weiteres gerecht werden konnte, so dienten diese doch als Leitfaden und Orientierungsrahmen und vermochten es immerhin, die divergierenden Projekterfahrungen, Interessen und Standpunkte der Entwicklungshelfer im Hinblick auf ein gemeinsames Ziel zu bündeln. Die zentrale Frage der Trägerschaft, mit wichtigen Auswirkungen und Konsequenzen auf alle anderen Problemkreise, sollte noch bis weit in die 90er Jahre hinein Gegenstand kontroverser Diskussionen bleiben.

### Die Suche nach „angepasster Technologie"

Technische Daten über die in den Anfangsjahren gebauten oder reparierten Brunnen liegen leider nicht vor. Es ist anzunehmen, dass diese Arbeiten auch nie dokumentiert wurden, da sie ja lediglich als begleitende Aktivitäten im Rahmen der jeweiligen Hauptaufgaben durchgeführt wurden. Aufgrund von Beobachtungen in späteren Phasen kann man jedoch davon ausgehen, dass die Maßnahmen weder nachhaltig waren noch in signifikanter Weise zur Verbesserung der Trinkwasserversorgung beigetragen haben. Mit Sicherheit entsprachen sie weder in baulicher noch in hygienischer Hinsicht den heutigen Anforderungen an eine gute Trinkwasserversorgung. Die limitierten Fachkenntnisse der Entwicklungshelfer sowie die permanente Projektmittelknappheit setzten enge Grenzen und ließen nur einfachste Lösungen zu.

Wie weiter oben bereits ausgeführt, bestand das häufigste Problem traditioneller Brunnen in einem kavernenartigen Einbrechen des Erdreichs in der wasserführenden Schicht, welches ständige Vertiefungen oder aber im Extremfall auch die Aufgabe des Brunnens zur Folge hatte. Als technische Lösungsmöglichkeit wurde in den frühen Jahren des Programms, das heißt bis etwa 1974 das Einbringen von runden Zementformsteinen in die wasserführende Schicht gesehen. Vereinzelt ging man jedoch auch schon dazu über, Brunnenringe mit einem Durchmesser zwischen 1,10 m und 1,30 m abzuteufen, was technisch einfacher und auch effektiver war.

Da die Arbeiten jedoch über viele Jahre hinweg ohne den Einsatz von Maschinen (Kompressoren, Pumpen, Winden) durchgeführt wurden, war es wegen des im Brunnenschacht anstehenden Wassers nahezu unmöglich, weit genug in die wasserführende Schicht einzu-

Links: Mit Natursteinen ausgemauerte Brunnenröhre.
Rechts: Manuelles Ablassen eines Brunnenrings (Banikoara 1979).

dringen, um einen ausreichenden Wasserzufluss zu gewährleisten. Man kann, den heutigen Erfahrungen zufolge, davon ausgehen, dass keiner dieser Brunnen ganzjährig Wasser führte.

In der Folge versuchte man, bessere Ergebnisse zu erzielen, indem man Brunnenringe verschiedenen Durchmessers verwendete, welche teleskopartig in die wasserführende Schicht eingebracht wurden. Aber auch diesem Vorhaben waren ohne die nötigen Hilfsmittel enge Grenzen gesetzt.

Dem Brunnenkopf (Brüstung, Ziehvorrichtung, Brunnenplatte

Einfachste Ausführung eines Brunnenkopfes Ende der 1970er Jahre in Soroko.

usw.) sowie dem gesamten Brunnenumfeld wurde in dieser ersten Phase nur wenig Beachtung geschenkt.

Mit der Schwerpunktverlagerung auf Brunnenbau wurde 1974 erstmals auch der Versuch unternommen, die Zielsetzung der Maßnahmen zu formulieren. Eine gute Wasserversorgung war demnach gegeben, wenn:
- das Wasser nicht verseucht war;
- eine ständige Versorgung von Menschen und Tieren gesichert war;
- die Bewässerung von Anbauflächen möglich war.

Dass diese hochgesteckte Zielsetzung Folge einer Selbstüberschätzung sowie falscher Vorstellungen von der Leistungsfähigkeit von Schachtbrunnen war, sollte sich schon wenige Jahre später zeigen.

Das erste, nur spärlich dokumentierte „Brunnenbau-Seminar" fand 1975 in Dogbo statt und beschränkte sich auf den Austausch technischer Fragen und über Arbeitsweisen im Süden und im Norden des Landes. Es wurde festgehalten, dass die Arbeitsmethoden den jeweiligen geologischen Gegebenheiten der Regionen zu folgen haben und es wurde ausdrücklich betont, dass es sich bei den angewandten Techniken um eine Weiterentwicklung traditioneller Bauweisen handelt, die sich als einfachste Art, Brunnen zu bauen, erwiesen haben.

Im Süden, mit zwar tief liegenden Wasserschichten (zwischen 30 und 60 m), aber in der Regel stabilem geologischem Untergrund (Laterit) schien es – auch aus Kostengründen – nicht notwendig, den Brunnenschacht zu betonieren. Um das Ausspülen der Brunnenwän-

Das Fehlen einer Brunnenplatte führt zur Erodierung des Brunnenkopfs.

de durch Regenwasser und auch Pflanzenbewuchs zu verhindern, beschränkte man sich darauf, zumindest den oberen Teil der Brunnenröhre mit Draht zu armieren und mit Mörtel auszukleiden. Stieß man auf Grundwasser, wurden Brunnenringe abgelassen, die sich durch Untergraben in die wasserführende Schicht absenkten. Der Zwischenraum zwischen Brunnenwand und Brunnenringen wurde in der Regel mit Kies aufgefüllt. Zur Beurteilung der Leistungsfähigkeit, das heißt des Zulaufs eines Brunnens, ging man davon aus, dass diese ausreichend war, wenn es nicht gelang, den Brunnen binnen vier bis fünf Stunden mit Eimern leer zu schöpfen. Die Arbeitszeit zur Fertigstellung eines 50 Meter tiefen Brunnens wird hier mit sechs bis sieben Monaten angegeben!

Eine etwas andere Technik kam im Süd-Mono zur Anwendung, wo die wasserführenden Schichten nicht so tief lagen wie im Norden der Provinz. Hier wurde der Brunnenschacht bis auf die wasserführende Schicht abgegraben und dann mit Brunnenringen vollständig aufgefüllt. Durch Untergraben des untersten Rings senkte sich die gesamte Brunnenröhre durch ihr Eigengewicht in die wasserführende Schicht. Diese Technik machte es erforderlich, die Brunnenringe miteinander zu verbinden, um ein Verschieben der Röhre zu verhindern. Der Zwischenraum zwischen Brunnenwand und Brunnenringen wurde bis zu 2 m über der Wasserschicht mit Kies hinterfüllt, und auch die Brunnensohle wurde mit einer 20 cm starken Kiesschicht versehen. Um die Fugen zwischen den Ringen zu schließen und so das seitliche Eindringen unsauberen Wassers in den Brunnenschacht zu verhindern, wurde auf die Brunnenringe eine Mörtelschicht aufgetragen.

In der Mitte und im Norden des Landes kamen ebenfalls armierte Brunnenringe zum Einsatz, welche, je nach Beschaffenheit der Bodenschichten, bei einer Grabtiefe von 8 bis 14 m abgelassen wurden, wobei die oben beschriebenen Techniken zur Anwendung kamen. Der Brunnenkopf bestand entweder aus einer ca. 80 cm hohen Mauer oder aber auch ganz einfach aus zwei übereinander gesetzten Brunnenringen von jeweils 50 cm Höhe. Zwei gegenüberliegend betonierte Pfeiler dienten als Aufnahme für die Seilwinde. In der Regel wurde um den Brunnenkopf noch eine kleine Brunnenplatte betoniert, auf der Eimer und Schüsseln abgestellt werden konnten.

Für einen Brunnen von 18 m Tiefe beliefen sich die Gestehungskosten damit auf ca. 93.000 FCFA. Alle Materialkosten inklusive der Seilwinde wurden vom DED übernommen. Die Lohnkosten für die Brunnenbauer sowie deren Verköstigung und Beherbergung und die Bereitstellung von Sand und Kies waren vom Dorf zu tragen.

Bemerkenswert für diese Zeit scheint aus heutiger Sicht die Tatsache, dass kaum auf andernorts vorhandenes Fachwissen zurückgegriffen wurde, sieht man von einem begrenzten informellen Austausch mit in Benin tätigen Fachleuten ab. So liefen bereits seit Mitte der 60er Jahre in den Nachbarländern Obervolta und Niger Brunnenbauprogramme der französischen Entwicklungszusammenarbeit mit interessanten und gut dokumentierten Ansätzen, die für das DED-Programm durchaus von Interesse hätten sein können.

Im April 1979 fand erstmals eine „Fachgruppensitzung Brunnenbau" statt. Damit hatte sich der Brunnenbau im Rahmen der DED-Mitbestimmungsordnung als selbständiger DED-Programmteil konstituiert. Vertreten waren hierbei die Altprojekte Soroko, Segbana und Dogbo sowie das Projekt Segbouhoué, welches, finanziert von der GTZ, ab 1979 im Rahmen des CARDER Atlantique durchgeführt wurde.

Im Rahmen der angestrebten Vereinheitlichung der Bautechnik war erstmals von der Technik der Gleitschalung die Rede. Es gab allerdings Bedenken wegen des höheren Zeitbedarfs und der höheren Kosten. Einigkeit erzielte man jedoch dahingehend, dass alle Neubrunnen fortan mit einem Innendurchmesser von 1,40 m gebaut werden sollten. Dies, um einen höheren Wasserzulauf durch die Brunnensohle zu erreichen (ca. 1,5 m$^3$ pro Brunnenmeter). Die technische Option, im wasserführenden Bereich gelochte Brunnenringe einzusetzen, um auch einen seitlichen Wasserzulauf zu ermöglichen, wurde ebenfalls diskutiert. Es bestanden jedoch Bedenken in Bezug auf die Stabilität der Ringe.

Der Privatinitiative eines Entwicklungshelfers in Dogbo ist es schließlich zu verdanken, dass erstmals fachliche Kontakte nach außen aufgenommen wurden. Im November 1981 absolvierte er ein Praktikum in Obervolta, wo über eine Diözese bereits seit 1956 Brunnen gebaut wurden. Im Rahmen dieses Vorhabens, welches ab 1976 durch Entwicklungshelfer der deutschen Arbeitsgemeinschaft für Entwicklungshilfe (AGEH) unterstützt wurde, verfolgte man seit Jahren genau den Ansatz, der später vom Brunnenbau Benin übernommen wurde, das heißt das Prinzip der Anfrage, die finanzielle Beteiligung der Dörfer an den Maßnahmen, die physische Mitarbeit sowie freie Unterkunft und Verpflegung für die Baumannschaften.

Darüber hinaus erhielt man erstmals detaillierte technische Informationen über ein neues Brunnenbausystem, welches sich durch Arbeitserleichterung, geringeren Materialverbrauch und Erhöhung der Qualität auszuzeichnen schien. Damit erfolgte, nach über zehnjährigen, fast ausschließlich auf die handwerklichen Fähigkeiten und den Erfindungsgeist der Beteiligten reduzierten Versuchen erstmals eine Nutzbarmachung anderweitiger Erfahrungen.

Auch in der Frage des Maschineneinsatzes wurden bisherige Positionen aufgegeben. Galt bisher das Arbeiten mit einfachsten, lokal verfügbaren Werkzeugen als Grundvoraussetzung eines selbsthilfeorientierten Entwicklungsansatzes, führte die Ausweitung der Aktivitäten und der steigende Qualitätsanspruch nun doch zu der Einsicht, dass der Einsatz von Kompressoren, Presslufthämmern und Pumpen über kurz oder lang nicht zu umgehen sei. Dies ganz besonders für die Wasserfassungen, die ohne ein Leerpumpen des Brunnens nicht in der gewünschten Qualität realisiert werden konnten. Der Maschineneinsatz erfolgte ab 1979 im Rahmen eines „Pilotprojektes" in Dogbo, Segbana und Soroko und wurde im folgenden Jahr auf alle Projekte ausgedehnt.

Die Tatsache, dass Ersatzteile, Werkzeuge, Baumaterialien usw. fast ausschließlich in Cotonou bzw. bis Mitte der 80er Jahre in Lomé (Togo) erhältlich waren und damit sehr weite Wegstrecken zurückgelegt werden mussten, machte es notwendig, eine vorausschauende Vorratshaltung zu betreiben. Nach und nach entwickelten sich, meistens angelagert an die Privatunterkünfte der Entwicklungshelfer, regelrechte Bauhöfe. Es etablierten sich damit gut ausgerüstete Kleinunternehmen, die nicht nur zu den oftmals größten Arbeitgebern der Projektregionen avancierten, sondern auch zu wichtigen Konsumenten auf den lokalen Handwerkermärkten (Mechaniker, Schmiede, Transportunternehmen usw.).

Bis zum Beginn der 80er Jahre fand sicherlich eine entscheidende Weichenstellung vor allem im Bereich der technischen Entwicklung des Programms statt. Nach unten limitiert durch den Anspruch, qualitativ gute Brunnen zu bauen, nach oben begrenzt durch den Selbsthilfeansatz, das heißt die Verwendung beherrschbarer technischer Mittel, hatte sich aus ganz individualistischen Ansätzen ein technischer Standard entwickelt, der zukunftsweisend für die Entwicklung des Programms war. Aber auch erste Bedenken wurden geäußert: Würde der massive Bau von Brunnen, der nunmehr möglich war, nicht zu einer Absenkung des Grundwasserspiegels einzelner Regionen führen?

## Ein Programm entsteht (1981–1985)

Im Zeitraum 1981 bis 1985 wurde die Projektarbeit erstmals kritisch analysiert und auf neue Grundlagen gestellt. Dies sowohl in Bezug auf die Verfügbarkeit ausreichender Projektmittel, die Trägerfrage, die technisch-wissenschaftlichen Grundlagen als auch auf die Steuerung des Vorhabens. In all diesen Bereichen hatten sich zunehmend Schwachstellen ergeben, die eine Fortführung des Programms in Frage stellten. Wurde die bisherige Projektarbeit ausschließlich über DED-Mittel abgewickelt, deren Begrenztheit häufig zu Verteilungskämpfen zwischen den Fachgruppen und zu Verzögerungen der Aktivitäten führte, konnte diese Situation ab März 1981 durch ein Kooperationsabkommen mit der DWHH ganz wesentlich verbessert werden.

Die DWHH förderte seit 1969 Selbsthilfeprojekte in Benin. Bereits 1980 wurden dem DED Benin im Rahmen eines Sofortprogramms für die Brunnenbauaktivitäten 30.000 DM zur Verfügung gestellt, um einen finanziellen Engpass zu überbrücken.

Mit dem Kooperationsvertrag zwischen den beiden Organisationen öffneten sich für die erste gemeinsame Programmphase 1981-1983 vollkommen neue Perspektiven. Für die Projektausstattung und die Materialbeschaffung standen nunmehr etwa 20.000 Euro pro Jahr und pro Projektplatz zur Verfügung. Es bestand damit erstmals die Möglichkeit, die Aktivitäten qualitativ und quantitativ auszudehnen und zu verbessern. Grundlage der Zusammenarbeit war ein Operationsplan, mit welchem der Versuch einer systematischen Strukturierung der Maßnahmen unternommen wurde und eine detaillierte Mengen- und Kostenplanung erfolgte.

Im Vorfeld dieses Kooperationsabkommens sah sich der DED durch die Vergaberichtlinien der DWHH gezwungen, die Trägerfrage neu zu definieren. Die vorgeschlagenen Träger erfüllten zwar, wie sich in der Folge erweisen sollte, nicht die in sie gestellten Erwartungen, genügten aber zunächst den formalen Ansprüchen. Man einigte sich, in Zusammenarbeit mit den beniner Behörden, auf lokale Trägerschaften durch die CARDER und – im Falle der in enger Zusammenarbeit mit dem Gesundheitsprogramm des DED neu entstehenden Projektplätze Cové, Kouandé und Bassila – auf die *„Circonscriptions Médicales"* des *Ministère de la Santé*.

Als nationaler Träger ist im ersten Kooperationsvertrag vom März 1981 das Planungsministerium genannt, allerdings zusammen mit dem DED Berlin, welchem die Gesamtverantwortung für Projektdurchführung und Mittelverwendung zukam. Ganz offensichtlich handelte es sich hier um den Versuch, den Formalien Genüge zu tun. Im Evaluierungsbericht von 1983 wird denn auch lapidar festgestellt: „Das Programm hatte zum Zeitpunkt der Evaluierung keinen Projektträger und auch vorher keinen gehabt". Die Tätigkeit der Entwicklungshelfer wird als „freischwebend" bezeichnet. Die Übertragung aller Durchführungsrisiken auf den DED wurde in der Folge allerdings einer juristischen Analyse unterzogen und vom Justitiar des DED kritisch beurteilt. Dies führte im Vorfeld der zweiten Programmphase (1984–86) zur Forderung nach einer Neuregelung der Trägerfrage und zur Übernahme der Trägerschaft durch die *Direction de l'Hydraulique*, die staatliche Wasserbehörde.

Der präventiv-medizinische Charakter der ländlichen Trinkwasserversorgung wurde bereits zu Beginn der 70er Jahre gesehen und hatte zur Einrichtung der Projektplätze in Soroko/Banikoara und Savalou in enger Verbindung mit dem Aufbau der Landkrankenhäuser und den Aktivitäten im Bereich der Mutter-Kind-Beratung geführt. Die Rolle der Brunnenbauer beschränkte sich dabei ausschließlich auf den technischen Bereich, während die Beratungsleistungen im Hinblick auf Wasserqualität, Hygiene und Gesundheit – und damit auch Fragen des Brunnenunterhalts – vom medizinischen Basispersonal (Animateure) erbracht wurden. An den Projektplätzen Dogbo-Tota und Ségbana, die sich aus den frühen Ansätzen der landwirtschaftlichen Beratung entwickelt hatten, sowie an den 1980 eingerichteten Projektenplätzen Kalalé, Kandi und Bopa war das Gesundheitsprogramm des DED allerdings nicht präsent. Die Maßnahmen beschränkten sich auf den rein technischen Bereich, das heißt die Erschließung von Trinkwasser. Beratungsleistungen konnten nur bedingt erbracht werden. Dieser Sachverhalt wurde von den Verantwortlichen erkannt und korrigiert, indem die Neuplätze Bassila und Kouandé (1981), Cové (1982) und Banté (1983) wieder in engem Zusammenhang mit dem parallel laufenden Engagement im Gesundheitsbereich konzipiert wurden.

Im Rückblick ist es nur schwer nachvollziehbar, auf welcher Datenbasis und mit welcher fachlichen Kompetenz die Einrichtung von Neuplätzen erfolgte. Ein im Programm tätiger Entwicklungshelfer griff diesen Sachverhalt auf, als er in seinem Bericht schrieb: „Und wie entstanden unsere Neuplätze? Meistens auf Empfehlung eines EH-Brunnenbauers, und das war dann in der Regel sein Nachbardistrikt. Die Evaluierungen wurden mit einer entsprechenden Pro-Einstellung geschrieben, und nicht nur nach sachlichen Aspekten, bzw. Grundlagen, einfach weil diese Grundlagen nie erarbeitet wurden." Hier waren der Fachgruppenarbeit eindeutige technisch-wissenschaftliche und konzeptionelle Grenzen gesetzt, und die Verantwortlichen des DED und der DWHH hätten ihre Steuerungsaufgaben eindeutiger wahrnehmen müssen – auch gegen ein Votum der Fachgruppe.

Was die Leistungsfähigkeit des Programms betrifft, kam man zu der ernüchternden Einsicht, dass die bisherige Zielsetzung, neben Trinkwasser auch genügend Wasser für die Viehhaltung und die Bewässerung von Anbauflächen bereitstellen zu können, eher von Illusionen als von Fakten getragen war. Die über Schachtbrunnen förderbaren Wassermengen reichten einfach nicht aus. Als weit überzogen erwies sich auch die Vorgabe, an jedem Standort ca. 20 Brunnen im Verlauf von zwei Jahren (der Vertragszeit eines Entwicklungshelfers) zu bauen. Dieser Anspruch war nur im Hinblick auf die frühesten Anfänge der Brunnenbaumaßnahmen verständlich, als qualitative Anforderungen gänzlich vernachlässigt wurden und Brunnen in traditioneller Weise, das heißt ohne Ausbau abgeteuft wurden.

Anfang der 80er Jahre verständigte man sich auf eine Zielvorgabe von acht Neubrunnen pro Entwicklungshelfer und Jahr sowie vier Reparaturen und zehn Latrinenbauten im Zeitraum von zwei Jahren. Aber auch hier handelte es sich um letztendlich willkürlich festgelegte Mengenangaben. Sie sagten nichts aus über die Tiefe der Grundwasservorkommen. Ein 50-Meter-Brunnen im Mono wäre damit zum Beispiel gleichzusetzen mit fünf Brunnen von 10 Meter Tiefe im Norden des Landes.

Bei einer angenommenen Versorgung von 500 Personen pro Brunnen ergab sich ein Zusatzbedarf von 4.640 Neubrunnen, wobei bei einer Wachstumsrate der Bevölkerung von 2,7 Prozent ein jährlicher Mehrbedarf von ca. 200 Brunnen entsteht. Da die meisten Dörfer jedoch eher eine Größenordnung von 250 bis 300 Einwohnern aufweisen, konnte man von einem aktuellen Bedarf von etwa 10.000 Neubrunnen ausgehen. Im Hinblick auf diese von der *Direction de l'Hydraulique* ermittelten Bedarfszahlen wurden auch die Grenzen des Programmbeitrags deutlich, denn laut einer ersten Bestandsaufnahme bis zum Jahr 1983, das heißt über einen Zeitraum von neun Jahren hinweg, wurden folgende Baumaßnahmen ausgewiesen:

Brunnenbauten: 267
Brunnenreparaturen: 104
Andere Maßnahmen (Toiletten, Quellfassungen etc.): 37

Damit läge die durchschnittliche Leistung bei ca. sechs Brunnen pro Entwicklungshelfer und Jahr. Da aber die frühen Jahre nicht dokumentiert sind, handelt es sich hier um nicht überprüfbare Annäherungswerte. Es ist zu vermuten, dass die Zahl qualitativ guter Brunnen sehr weit unter diesen Angaben lag. In der Landesprogrammplanung 1982/1983 wird denn auch festgestellt: „Abschließend muss zum gegenwärtigen Zeitpunkt illusionslos gesagt werden, dass wir mit unserem Programm nicht *wesentlich* zu einer grundlegenden Veränderung der Wasserversorgung in Benin beitragen können." Die sich verbessernde Dokumentation der Baumaßnahmen durch die Einführung von Brunnenblättern, aus denen die Lage der Brunnen, die Bauzeit sowie technische Daten, also auch Angaben über die Qualität der Brunnen, ersichtlich waren, ermöglichten erstmals einen Überblick über die Leistungen des Programms - mit eher ernüchternden Ergebnissen. Es zeigte sich nämlich, dass die Einrichtung von Projektplätzen in geologisch ungünstigen Zonen sowie der Mangel an fachlicher Betreuung durch einen Hydrogeologen zu einer sehr hohen Fehlgrabungsquote von ca. 30 Prozent geführt hatte. Damit stellten sich natürlich Fragen in Bezug auf die Effizienz des Mitteleinsatzes. Aber auch das Vertrauen der Zielgruppe in die Projektarbeit konnte dadurch beeinträchtigt werden. Verständlicherweise waren die Dörfer kaum bereit, in weitere Grabungsversuche zu investieren, und häufig mussten die dörflichen Beiträge zur Finanzierung der Löhne dann durch Projektmittel ersetzt werden.

Als erste Reaktion auf diesen ernüchternden Sachverhalt wurde für 1982 eine hydrogeologische Studie geplant, welche grundsätzlich die technische Machbarkeit des Programms prüfen sollte – nach immerhin bereits acht Jahren Laufzeit! Die notwendigen Daten sollten über Weltbank, den Europäischen Entwicklungsfonds (FED) und das Entwicklungsprogramm der Vereinten Nationen (UNDP) beschafft werden. Leider scheiterte dieses Vorhaben an vertragstechnischen Problemen mit dem Gutachter. Ab September 1983 lagen dem Programm schließlich die Ergebnisse zweier hydrologischer Studien über die Dorfbrunnen des 2. FED zur Einsicht vor. Die Ergebnisse waren durchaus geeignet, das Vertrauen in die weitere Arbeit des Brunnenbauprogramms zu erschüttern, da man davon ausgehen musste, dass diese auch auf die DED-DWHH-Brunnen übertragbar waren. Diesen Studien gemäß fielen 57 Prozent der zwischen 1969 und 1980 gebauten Brunnen während der Trockenzeit trocken. Drei Problemfelder wurden für diesen Sachverhalt identifiziert:

*Natürliche Ursachen:*
- Geologie (kristalline Gesteine und Schiefer);
- Geomorphologie (ungleiche geographische Verteilung des Regens oder verspätete Regenzeit mit einer ungenügenden Versorgung des Grundwassers als Folge);
- Hydrogeologie (lokales Fehlen einer wasserhaltigen Oberfläche und wechselnde Restbestände in den Brüchen und die damit verbundene Schwierigkeit der Wasserbestimmung);
- Hydrodynamik (starke Schwankungen des Wasserstandes und damit teilweise unergiebiger Wasserstand in den wasserführenden Schichten).

*Technische Ursachen:*
- Unzureichende Standortbestimmungen;
- Höhe des eingefassten Wassers nicht ausreichend;
- falsche Einschätzung der Zuflussmenge;
- Abnahme der Brunnen bei Hochwasserstand.

*Soziale Ursachen:*
- Die Überbeanspruchung der Brunnen, die sich über die gesamte Skala der gebauten Brunnen feststellen lässt, also auch bei Brunnen, die an und für sich ausreichende Wassermengen liefern.

Zusammenfassend stellten die Studien fest, dass sich offene Schachtbrunnen als ungeeignet für praktisch den gesamten Sockel Benins erweisen. Im Einzelnen wurde darauf hingewiesen, dass für den Bau offener Brunnen prinzipiell nur vier Regionen des Landes in Frage kommen:
- Die alluviale Zone (Sedimentgestein) südlich des Niger (kein Projektstandort);
- das Sandsteingebiet östlich von Kandi (Projektstandorte Kandi und Segbana);
- ein Gebiet im Nordwesten des Landes mit Tanguiéta im Norden,

Boukoumbé im Westen, Kouandé im Osten und Djougou im Süden (Projektstandort Kouandé);
- einzelne Gebiete südlich der Achse Pobé–Aplahoué, wobei hier ausdrücklich auf die ungünstigen Verhältnisse in Allada hingewiesen wird (Projektstandorte Cové, Bopa, Kpomassé/Segbouhoué und Allada).

Außerhalb dieser Zonen musste man davon ausgehen, dass die Wahrscheinlichkeit, ergiebige Brunnen abzuteufen, bei lediglich 25 Prozent liegt. So wurde etwa festgestellt, dass in Savalou ca. 75 Prozent, in Kandi ca. 82 Prozent, in Kouandé ca. 44 Prozent und in Banikoara gar nahezu 100 Prozent der untersuchten Brunnen trocken fielen. Für Banté, Bassila und Kalalé erfolgten keine Angaben.

Diese Tatsachen wurden von den DED-Verantwortlichen zwar thematisiert und Überlegungen angestellt, ob vor diesem Hintergrund nicht die Konzentration der Arbeiten auf für Schachtbrunnenbau geologisch günstige Gebiete zu erfolgen habe, aber Konsequenzen wurden daraus nicht gezogen. Seitens der Fachgruppe wurde auch das Argument vorgebracht, man baue heute wesentlich bessere Brunnen.

Im Rückblick ist tatsächlich festzustellen, dass die Ergebnisse des Brunnenbauprogramms viel besser waren als dies gemäß der Studien angenommen werden konnte. Dies lag mit Sicherheit nicht an der besseren technischen Ausführung der Brunnen, sondern viel eher daran, dass sich das DED-DWHH-Brunnenbauprogramm zum Beispiel in den Standortbestimmungen der Brunnen als wesentlich flexibler erwies als staatliche Programme und auch nicht zögerte, im Falle einer Fehlgrabung aus Programmmitteln finanzierte Zweit- oder sogar Drittversuche durchzuführen, während die Arbeiten im Rahmen der FED-Programme starren Planvorgaben folgten. Auf die mit dieser Vorgehensweise allerdings verbundenen Probleme des effizienten Mitteleinsatzes wurde bereits weiter oben verwiesen. Im Hinblick auf die relativ guten Ergebnisse wurde auch in der Evaluierung 1983 die Beibehaltung der bisherigen Projektstandorte unterstützt.

Dennoch musste zu diesem Zeitpunkt festgestellt werden, dass die zunehmende Komplexität des Vorhabens und die fehlende fachliche und inhaltliche Steuerung des Programms zu einer kritischen Entwicklung geführt hatten. Externes Know-how war bis zu diesem Zeitpunkt – obwohl durchaus vorhanden – kaum nutzbar gemacht worden und die Mitglieder der Fachgruppe waren mit den Aufgaben und den sich abzeichnenden Problemen weit überfordert. Wie oben bereits angedeutet, nahm man seitens der Verantwortlichen nicht wahr – oder wollte nicht wahrnehmen – wie stark wichtige Entscheidungsprozesse (zum Beispiel im Bereich der Neuplatzprüfungen oder Eigenevaluierungen) von Privatinteressen (Vertragsverlängerungen, Umlesen, regionale Präferenzen usw.) oder persönlichen Einschätzungen der Entwicklungshelfer beeinflusst waren.

Eine Programmsteuerung fand bis zu diesem Zeitpunkt de facto nicht statt. Hierfür fehlten alle Voraussetzungen. Planungsunterlagen mit klaren Zielvorgaben, welche eine Bewertung des Progammfortschritts ermöglicht hätten, existierten weder auf Ebene des Landesbüros noch auf Projektebene. Die Arbeit des Landesbüros beschränkte sich im Wesentlichen auf die finanzielle Abwicklung des Vorhabens sowie Interventionen bei Konfliktfällen. Ab 1983 zog man mit der Einrichtung der Stelle eines Programmassistenten für Benin erste Konsequenzen. Zu seinen Aufgaben gehörten die Steuerung und Kontrolle des Brunnenbauprogramms. Die Ergebnisse seiner ersten kritischen Analyse seien hier zusammenfassend dargestellt, da sie in der Folge zu wesentlichen Veränderungen in der Ausrichtung des Programms führten:
1. Die Frage der Wasserqualität wird zu wenig berücksichtigt. Prüfungen der Wasserqualität sollen in Zusammenarbeit mit lokalen Labors durchgeführt werden.
2. Die Maßnahmen sind zunehmend auf technische Aspekte der Arbeit konzentriert, wobei der Beratungs- und Animationsansatz vernachlässigt wird. Hier müsste in den Bereichen Vorbereitung der Maßnahmen, Begleitung und Nachbetreuung angesetzt werden, um das Problemfeld Hygiene und Gesundheit abzudecken.
3. Es ist unklar, nach welchen Kriterien die sehr hohen und die Kapazität der Projekte übersteigenden Nachfragen ausgewählt werden (Standortwahl und Bedarfskriterien).

4. Die bisher geleisteten Arbeiten sind unzureichend dokumentiert. Damit ist keine Aussage über die Dichte des Versorgungsgrads, die Haltbarkeit der Brunnen oder deren Reparaturbedürftigkeit möglich.
5. Die zunehmende Arbeit mit Baumannschaften hat eine Quasi-Arbeitgeberschaft der Entwicklungshelfer zur Folge. Die rechtlichen Fragen müssen geklärt werden.
6. Die organisatorischen Abläufe sollen gestrafft werden. Bei der Ausdehnung der Distrikte und dem hohen Transportaufkommen scheint ein effizienter Mitteleinsatz nicht gegeben.
7. Die Integrations- und Übergabemöglichkeiten bedürfen dringend einer Lösung.

Ein Großteil dieser Fragen und Forderungen konnte erst mit erheblicher zeitlicher Verzögerung geklärt bzw. umgesetzt werden.

In der Frage *Bedarfskriterien* bestand kein Konsens innerhalb der Fachgruppe. So wurden sowohl Dorfbrunnen als auch Brunnen für Privatpersonen gebaut. Es war dringend erforderlich, hier einheitliche Kriterien zu entwickeln, die sich vor allem an der Einwohnerzahl der Dörfer und den bereits verfügbaren Wasserstellen sowie deren Entfernung voneinander zu orientieren hatten, aber auch am Auftreten wassergebundener Krankheiten. Der Bau von Privatbrunnen, auch von solchen, die von örtlichen Autoritäten beantragt wurden, sollte zukünftig grundsätzlich unterbleiben.

Die *Standortwahl* der Brunnen erfolgte, indem man sich vage an Geländeformationen oder dem Vorkommen von Termitenbauten orientierte, geeignete Standorte mit der Wünschelrute bestimmte oder diese Aufgabe gar Scharlatanen und Fetischeuren überließ. Es konnte dabei nicht erstaunen, dass die Fehlgrabungsrate sehr hoch war.

Zum Problem der *Übergabe* wurden zwei Problemkreise gesehen und diskutiert:
- Die zunehmende Technisierung der Arbeit und der damit verbundene Mitteleinsatz schließen im Grunde eine Weiterführung der Maßnahmen durch die lokalen Partner aus. Eine Lösungsmöglichkeit wurde in der Verwendung einfacherer Techniken gese-

hen, so zum Beispiel mit dem Einsatz von selbst hergestellten Handbohrgeräten, wie sie versuchsweise durch den Brunnenbauer in Cové eingesetzt wurden - einer Technik, die, wie man schon sehr bald feststellen konnte, allerdings nur bei günstigen geologischen Verhältnissen und damit in sehr beschränktem Umfang angewandt werden konnte. Nach ersten Versuchen und dem Urteil externer Fachleute wurde dieser Ansatz aufgegeben.

- Die Struktur und die Organisationsabläufe der einzelnen Projekte müssen im Hinblick auf eine Übergabe an nationale Partner deutlich verbessert und harmonisiert werden. So stellte der Programmassistent fest: „Aufgrund der bisher nicht geklärten Zuständigkeiten – trotz verschiedener Versuche – sind die Entwicklungshelfer im Prinzip auf sich allein gestellt. Jeder hat je nach den vorgefundenen Möglichkeiten sowie den Notwendigkeiten ein eigenes ‚System' errichtet, um das Arbeitsprogramm festzulegen, Transportfragen zu klären oder Unterstützung in irgendeiner Form zu erhalten. Zufälligkeiten, günstige Gelegenheiten und die Tatsache, ob mehr oder weniger dynamische, entscheidungsfreudige oder problembewusste beniner Amtsträger am Ort sind, bestimmen nicht zuletzt die Arbeitsmöglichkeiten der Entwicklungshelfer."

Tatsächlich hatten sich durch die höchst unterschiedlichen natürlichen, wirtschaftlichen und sozialen Arbeitsbedingungen der über das gesamte Land verteilten Projekte nicht nur verschiedene Technikansätze sondern auch die verschiedensten *Projektstrukturen und Arbeitsabläufe* entwickelt, welche zudem stark geprägt waren von den fachlichen und persönlichen Voraussetzungen der Entwicklungshelfer. Man muss sich in diesem Zusammenhang verdeutlichen, dass die Entwicklungshelfer zum überwiegenden Teil extremen Lebens- und Arbeitsbedingungen ausgesetzt waren. Fernab der großen Hauptverbindungsstraßen und Kommunikationswege hatten sich über mehrere Entwicklungshelfer-Generationen hinweg Lebens- und Arbeitsstrukturen entwickelt, die weitgehend vom sozialen Umfeld geprägt und von nachkommenden Entwicklungshelfern nur noch bedingt beeinflussbar waren. Die Vermischung der Arbeits- und Privatsphäre stellte hierbei eine zusätzliche Belastung dar. Vor diesem Hintergrund scheint es verständlich, ja unvermeidlich, dass sich hier standortspezifische Organisations- und Arbeitsformen herausgebildet hatten, die einer Vereinheitlichung oder Standardisierung der Arbeitsweisen und -abläufe entgegenstanden und welche die Entwicklungshelfer – stets in Abgrenzung zu den Kollegen – von „ihrem" Projekt sprechen ließen.

Seitens des DED-Beauftragten wurde darüber hinaus mehrfach darauf hingewiesen, dass die Planbarkeit des Vorhabens grundsätzlich durch den Selbshilfeansatz, das heißt das „Prinzip der Anfrage" eingeschränkt sei. Ein Argument, welches allerdings nur schlecht mit den tatsächlichen Erfahrungen übereinstimmte. Denn in Wirklichkeit führte die zunehmende Arbeit mit Baumannschaften ab den frühen 80er Jahren zu einer wachsenden Unabhängigkeit von der Verfügbarkeit dörflicher Hilfskräfte. Den Projekten lag in der Regel eine sehr große Zahl von Anfragen vor. Damit wären detaillierte Arbeitsplanungen nicht nur möglich, sondern sogar notwendig gewesen. De facto hat es der DED in dieser Phase und noch bis zum Ende der 80er Jahre nicht verstanden, effiziente Steuerungsinstrumente zu entwickeln. Begründet lag dieses Defizit sicherlich auch in den im Regelwerk des DED definierten Mitbestimmungsgremien und Verfahrensweisen. Den Fachgruppen und dem Mitbestimmungsausschuss kamen darin Entscheidungsbefugnisse zu, die sich zwar, dem Zeitgeist entsprechend, mit dem „basisdemokratischen" Selbstverständnis der Entwicklungshelfer erklären ließen, die jedoch kaum kompatibel waren mit der professionellen Planung und Durchführung eines Kooperationsprogramms. Beispielhaft sei hier nochmals auf die Problematik der „Eigenevaluierungen" hingewiesen oder auf die gängige Praxis, die Verlängerung eines Arbeitsplatzes direkt mit dem Stelleninhaber zu verknüpfen. Über Vertragsverlängerungen wurde im Rahmen von Fachgruppensitzungen offen durch Handzeichen abgestimmt, wobei das Votum in der Regel vom Mitwirkungsausschuss übernommen wurde. Eine Begründung des Verlängerungsantrags wurde als nicht notwendig erachtet.

Um die *fachliche Weiterqualifizierung* der Arbeiten zu sichern, wurde erstmals der Einsatz eines Hydrogeologen diskutiert. Seine Aufgaben wurden vor allem darin gesehen, den DED-Beitrag im Rahmen der nationalen Brunnenbauvorhaben zu koordinieren, die geleisteten Arbeiten zu dokumentieren sowie durch Prospektionsarbeiten die hohe Fehlgrabungsrate zu reduzieren. Das Einverständnis des Trägers vorausgesetzt, sollte er, nach einem längeren Projektpraktikum, als Berater in der *Direction de l'Hydraulique* tätig werden. Bis zu seinem Einsatz sollten allerdings noch zwei Jahre vergehen.

Die oben bereits beschriebene und als problematisch erkannte Entwicklung des Brunnenbauprogramms weg vom Engagement des *Gesundheitsprogramms* sollte nun korrigiert werden. Als Maßnahmen forderte man die Einbeziehung der lokalen Basis-Sanitäter beim Bau eines Brunnens sowie die Teilnahme der Entwicklungshelfer an Aus- und Fortbildungskursen der Basis-Sanitäter. Der Erfahrungsaustausch sowie gemeinsame planerische Grundlagen sollten gesichert werden über die Durchführung einer jährlichen Fachgruppensitzung gemeinsam mit dem Personal des Gesundheitsprogramms. Darüber hinaus sollte dem Träger gegenüber der Gesundheitsaspekt der Maßnahmen stärker unterstrichen werden.

Die Arbeit mit festen *Baumannschaften* hatte sich in allen Projekten durchgesetzt, ohne dass man allerdings auf die Mitarbeit der Bevölkerung verzichtet hätte. Die Vorteile lagen auf der Hand:
- Es handelte sich um ein eingespieltes, leistungsfähiges Team mit dem erforderlichen technischen Können.
- Die Gefahr von Arbeitsunfällen wurde reduziert.
- Die Abhängigkeit von der Verfügbarkeit der Dorfbewohner wurde verringert.
- Der Entwicklungshelfer wurde entlastet und konnte dadurch mehrere Baustellen betreuen.
- Es wurden Arbeitsplätze geschaffen.

Es war allerdings nicht immer einfach, geeignetes Personal vor Ort zu rekrutieren, und manche Projekte sahen sich gezwungen, ihre Baumannschaften durch kompetente Brunnenbauer aus anderen Regionen zu verstärken. Eine Praxis, die zwar verständlich erschien, um das in der Regel große Arbeitsvolumen zu bewältigen und die gewünschte Qualität zu sichern, bei welcher aber der angestrebte Wissenstransfer an lokales Personal auf der Strecke blieb.

In diesem Zusammenhang wurde wiederholt die Frage der *Arbeitgeberschaft* aufgeworfen. In der Regel waren eine oder mehrere Baumannschaften, bestehend aus einem Vorarbeiter („Schachtmeister"), drei bis vier Hilfsarbeitern und einem Maurer in den Projekten tätig (bis zu 15 Personen pro Projekt). Die Bezahlung dieser Mannschaften erfolgte über die finanziellen Beiträge der Dörfer, wobei die Modalitäten von Projekt zu Projekt verschieden waren. So konnte die Auszahlung der Löhne (durch die Entwicklungshelfer) entweder pro Arbeitstag oder monatlich erfolgen oder aber gemäß der real erbrachten Leistungen (Brunnenmeter). Teilweise wurden auch Fonds angelegt, aus denen die Gehälter bezahlt wurden, während ein anderer Teil als Sparguthaben oder für Krankheitsfälle usw. zurückbehalten wurde. Wie immer die Systeme im Einzelnen ausgestaltet waren, ergab sich doch eine Quasi-Arbeitgeberschaft durch die Entwicklungshelfer, die in rechtlicher und vor allem versicherungstechnischer Hinsicht äußerst problematisch war. Vor allem im Hinblick auf die mit sehr hohem Risiko verbundenen Arbeiten (im Verlauf der fast 30jährigen Geschichte des Programms kam es zu vier tödlichen Unfällen, sowie einem Fall von Berufsunfähigkeit) war die Tatsache, dass die Arbeiter über keinerlei Versicherungsschutz und soziale Absicherung verfügten, nicht hinzunehmen. Andererseits konnten weder der DED noch die DWHH oder die Entwicklungshelfer in rechtlicher Hinsicht als Arbeitgeber auftreten.

Eine Lösung wurde bereits 1983 gesucht. So sollten die Arbeiter über die Distriktverwaltungen angestellt werden, wobei der DED sich bereit erklärte, für die Löhne und Sozialabgaben aufzukommen. Unklare Zuständigkeiten, langwierige Entscheidungswege und ab Ende der 80er Jahre auch der Einstellungsstopp im öffentlichen Dienst führten dazu, dass dieses Problem erst elf (!) Jahre später (1994) definitiv gelöst werden konnte. Das ursprünglich vorgeschlagene Modell wurde umgesetzt, indem die Arbeiter von den Unterpräfekturen angestellt wurden und die Sozialabgaben aus Programmmitteln bezahlt wurden.

Unter diesen neuen Voraussetzungen, das heißt einer verbesserten Programmsteuerung durch den Einsatz eines Programmassistenten, der Klärung der Trägerfrage, verbesserter Planungs- und Dokumentationsarbeit auf Projektebene, verstärkter Zusammenarbeit mit dem Gesundheitsprogramm und professionell arbeitenden Baumannschaften änderte sich zunehmend auch das *Aufgabenprofil der Entwicklungshelfer.*

Im Verlauf der Programmgeschichte konnten lediglich drei gelernte Brunnenbauer eingelesen werden, da es sich hier um einen eher raren Lehrberuf handelt. Man konnte jedoch mit durchaus befriedigenden Ergebnissen auf andere Berufsfelder ausweichen, indem die notwendigen technischen Kenntnisse über Praktika vor Ort vermittelt wurden. Die sich intensivierende Zusammenarbeit mit lokalen Partnern erforderte jedoch in zunehmendem Maße auch Kompetenzen in nicht-technischen Bereichen, das heißt im Bereich der Planung und Organisation, der Dokumentation sowie pädagogische Kenntnisse und „soziale Kompetenz".

Gerade in den letzten Bereichen waren der Kommunikationsfähigkeit der Entwicklungshelfer eindeutige sprachliche Grenzen gesetzt. Die Sprachvorbereitung – sowohl in Berlin als auch im Gastland – erwies sich hierbei als zu ineffizient und zu unflexibel. Spätestens mit dem systematischen Aufbau von Animationsprogrammen, das heißt der Forderung nach mehr kommunikativer Kompetenz ab Anfang der 90er Jahre erwiesen sich die sprachlichen Schwächen als großes Arbeitshemmnis. Kritik an diesem Umstand wurde seitens des DED stets mit dem Hinweis beschieden, die erforderlichen finanziellen Mittel stünden nicht zur Verfügung, und das Sprachniveau würde sich zwangsläufig im Arbeitsalltag verbessern. Diese Annahme erwies sich als falsch. Das Gegenteil war festzustellen. Die Entwicklungshelfer arbeiteten in der Regel mit Analphabeten, deren Französischkenntnisse begrenzt waren. Ihre rudimentären Sprachkenntnisse verkümmerten häufig noch weiter. In Arbeitssitzungen mit Staatsbeamten, in Konfliktfällen und Problemdiskussionen, in Planungsseminaren und vor allem später im Bereich der Animations- und Beratungsarbeit agierten die Entwicklungshelfer häufig aus einer Position der Schwäche, bedingt durch sprachliche Defizite.

Im Bereich der Planung und Organisation waren die Entwicklungshelfer weitgehend sich selbst überlassen. Ausbildungen waren nicht vorgesehen, und so kann es auch nicht überraschen, dass die Projektfortschritte - auch von Seiten der Programmassistenten - im Grunde nur nach der Zahl gebauten Brunnen beurteilt wurden, welche in den Halbjahresberichten ausgewiesen wurden. Dieser in der Regel eher kurze und prosaisch aufgearbeitete Tätigkeitsbericht verriet denn auch meist mehr über die Befindlichkeiten der Entwicklungshelfer als über die Effizienz und Qualität der Arbeit.

Im Verlaufe der Programmgeschichte kam es 1984 erstmals zum Versuch einer „*Projektübergabe*", die insofern von Interesse ist als sie belegt, dass, trotz bester Absichten, alle Voraussetzungen für den Erfolg des Vorhabens fehlten. Da sich die Trinkwassersituation in der Region Soroko/Banikoara offensichtlich deutlich gebessert hatte und der dortige Entwicklungshelfer seine Arbeit in Kandi fortführen sollte, wurde mit der Distriktverwaltung in Banikoara ein Übergabeprotokoll unterzeichnet. Die Brunnenbauarbeiten sollten demnach unter der Regie der Distriktverwaltung weitergeführt werden. Material, Maschinen sowie eine ausgebildete Baumannschaft wurden dem Distrikt zur Verfügung gestellt. Der Entwicklungshelfer sollte die Arbeiten periodisch kontrollieren und die Verantwortlichen beraten. Der Versuch scheiterte. Hier zeigte sich beispielhaft die Schwäche des bisherigen Ansatzes, in erster Linie die mangelnde Einbindung der Distriktverantwortlichen in die bisherige Arbeit und das Fehlen eines fachlich und demokratisch legitimierten Entscheidungsgremiums. In diesen Bereichen, heute mit den Begriffen der „institutionellen Förderung" bzw. der „Organisationsentwicklung" bezeichnet, hatte das Programm keinerlei Anstrengungen unternommen. Nachdem der Distrikt Banikoara über mehrere Jahre hinweg notdürftig von Kandi aus mit betreut wurde, erfolgte sehr viel später (1993) die Wiederaufnahme der Arbeiten durch einen Entwicklungshelfer.

Im Rahmen einer Evaluierung des Brunnenbauprogramms wurden 1983 folgende Feststellungen getroffen:

1. Die entwicklungspolitische Wirksamkeit des Projekts wird als positiv beurteilt.
2. Das Programm soll mit gewissen Schwerpunktverlagerungen weitergeführt werden.
3. Eindeutige Leistungskriterien für das Programm gibt es nicht.
4. Die technische Ausführung in Form des fast ausschließlich praktizierten Schachtbrunnens muss als richtig für die ländlichen Regionen Benins bezeichnet werden.
5. Die Verbesserung bestehender Brunnen durch Wartung, Reparatur und Vertiefung muss eine höhere Priorität erhalten, da dies die Effizienz der Projektmittel erhöht.
6. Die technische und hygienische Seite des Brunnens bedarf einer stärkeren Beachtung.
7. Der fachliche Input für das Programm muss verstärkt werden. Entsprechende Empfehlungen gipfeln in der Forderung, einen Geologen zusätzlich in das Programm einzulesen und Kurse für die Entwicklungshelfer einzurichten.
8. Das Projekt kann infolge veränderter Rahmenbedingungen besser in das nationale Programm eingebunden werden.
9. Die Partizipation der Zielgruppen ist – mit einigen Ausnahmen – als gut zu bezeichnen.
10. Bisher praktizierte Arbeitsteilung und finanzielle Beteiligung erscheinen sinnvoll und sollten – bei fallweise geringen Abweichungen – weiter beibehalten werden.
11. Auch nach der nächsten Programmphase von 1984–1986 kann nicht mit einem ausreichenden Grad an Flächendeckung gerechnet werden. Empfehlung einer Weiterförderung bis Ende der 80er Jahre bei einem reduzierten Ansatz (personell und finanziell).
12. Für die Standortwahl sind Kriterien zu erarbeiten. Hierzu werden Vorschläge gemacht.

Der Gutachter macht zusammenfassend auf die fachlichen Mängel und – vor allem – deren Konsequenzen aufmerksam: „Der bisher fast völlig fehlende fachliche Input hat sich negativ auf die Programmkonzeption, -planung, -abwicklung und -steuerung ausgewirkt."

Auf Empfehlung des Gutachters, aber auch auf Drängen der DWHH sollte zunächst die nach wie vor konfuse und unbefriedigende Trägerfrage geklärt werden. Obwohl die DED-Zentrale, wegen des engen konzeptionellen Zusammenhangs zwischen Gesundheit und Brunnenbau, eher das Gesundheitsministerium als Träger bevorzugt hätte, empfiehlt das Gutachten eine Kooperation mit der *Direction de l'Hydraulique*. Diese Regelung geschah unter enormem zeitlichem Druck, da die Ergebnisse der Evaluierung – obwohl erst im Oktober 1983 abgeschlossen – noch in die Planung der Folgephase (1984–1986) einfließen sollten.

Die Empfehlung des Gutachtens zur Zusammenarbeit mit der *Direction de l'Hydraulique* erklärt sich aus der wachsenden Rolle, welche diese im Rahmen der neuen Sektorpolitik einnahm. Bereits 1981 hatte die beniner Regierung auf der Pariser Konferenz der LLCD-Länder ein „Nationales Programm für Wirtschafts- und Sozialentwicklung im Zehnjahreszeitraum 1980-1990" vorgelegt, in welchem der Befriedigung der Grundbedürfnisse – und damit auch vorrangig der Wasserversorgung – eindeutige Priorität zugeordnet wird.

Der *Direction de l'Hydraulique* fiel in diesem Zusammenhang erstmals eine leitende Funktion zu, indem sie die Koordination zwischen den betroffenen bzw. zuständigen Ministerien übernehmen sollte. Man konnte also davon ausgehen, dass sie mit ihren neuen Verantwortlichkeiten, aber auch im Rahmen der UN-Wasserdekade (1980 bis 1990) und dem damit verbundenen stärkeren Engagement ausländischer Geber personell und materiell in die Lage versetzt würde, ihre Koordinations- und Kontrollaufgaben wahrzunehmen.

Als für die ländliche Wasserversorgung zuständige Behörde verfügte die *Direction de l'Hydraulique* über sechs Außenstellen in den Provinzen, die *Services Régionaux de l'Hydraulique*, welche die Rolle des Ansprechpartners und der vorgesetzten Dienststelle gegenüber den Entwicklungshelfern übernehmen sollten. Für die Brunnenbauprojekte war mit dieser neuen Konstellation erstmals die Notwendigkeit verbunden, halbjährliche Arbeits- und Verlaufsprotokolle sowie ausführliche Jahresberichte mit Angaben zum Stand und Vollzug der Planungen für die *Services Régionaux de l'Hydraulique* sowie das DED-Landesbüro zu erstellen. Die Zusammenarbeit mit den Distriktverwaltungen sowie das Arbeitsprinzip (Anfrage der Dorfbevölkerung, Eigenbeteiligung usw.) sollten von dieser neuen Regelung jedoch nicht berührt werden. Die *Direction de l'Hydraulique* forderte allerdings, zukünftig mehr Wert auf die qualitative Ausführung der Brunnen zu legen, denn mit dem zunehmenden Engagement anderer Freiwilligendienste im Bereich des Schachtbrunnenbaus (neben dem DED-DWHH-Programm hatten sich zwischenzeitlich auch der französische und der holländische Freiwilligendienst in diesem Bereich engagiert) musste sich die Leistungsfähigkeit und Kompetenz des Brunnenbauprogramms nun auch an Normen und Qualitätsstandards anderer Organisationen messen lassen. Die finanzielle Abwicklung des Vorhabens verblieb in den Händen des DED, allerdings hatte eine Offenlegung der Mittelverwendung gegenüber der *Direction de l'Hydraulique* zu erfolgen. So weit die Theorie.

In der Praxis erwies sich aber sehr bald, dass das Interesse der *Direction de l'Hydraulique* an Schachtbrunnenbau äußerst gering war. Bohrbrunnenprogramme, in der Regel mit weit höheren Investitionssummen verbunden, hatten eindeutige Priorität. Zudem erwies sich die Kooperation mit den Außenstellen als sehr schwierig. Sie verfügten weder über die notwendige Autonomie im Bereichen Planung noch über eigene Budgets. Entscheidungen wurden ausschließlich über die Zentrale getroffen und erforderten lange administrative Wege. Eine Koordination der verschiedenen Vorhaben fand staatlicherseits nicht statt.

## Reifeprozesse (1985–1989)

Die Qualität der Programmarbeit konnte in dieser Phase ganz entscheidend verbessert werden. Dies betraf zunächst den technischwissenschaftlichen Bereich, denn der bereits im Evaluierungsbericht 1983 geforderte Hydrogeologe konnte im November 1986 seine Arbeit aufnehmen. Die Besetzung dieses so wichtigen Arbeitsplatzes hatte drei Jahre in Anspruch genommen. Sicherlich lag diese Verzögerung auch darin begründet, dass sich die *Direction de l'Hydraulique* vom Ansinnen des DED, diesen Mitarbeiter als Koordinator bei ihr anzusiedeln, wenig begeistert zeigte und die offizielle Anfrage auf sich warten ließ. Auch auf Seiten des DED kam man schließlich zu der Einsicht, dass diese Absicht eher einem Wunschdenken entsprach als dem tatsächlichen Stellenwert des Programms im nationalen Kontext. Man einigte sich auf den Austausch arbeitsrelevanter Informationen. Dem Hydrogeologen stand das bei der *Direction de l'Hydraulique* vorhandene Datenmaterial (Karten, Luftbilder, Studien) zur Verfügung, und die *Direction de l'Hydraulique* erhielt im Gegenzug periodische Arbeitsberichte bezüglich der Messergebnisse und Baumaßnahmen.

Das Einmessen der Brunnenstandorte mit Hilfe eines Widerstandsmessgeräts sowie die intensive Beratung der Brunnenbauer führten zu einem deutlichen Qualitätssprung, denn Statistiken weisen nach, dass im Zeitraum 1987 bis 1990 insgesamt 456 Messungen durchgeführt wurden, von denen 190 positiv und 266 negativ ausfielen. Dabei kam es zu lediglich sechs Fehlgrabungen. Bedenkt man, dass die Fehlgrabungsquote in der Vergangenheit bei ca. 30 Prozent lag, scheint es im Rückblick mehr als unverständlich, mit welch geringem Kostenbewusstsein bislang gewirtschaftet wurde.

### Klimatische und hydrogeologische Einflüsse

Von entscheidender Bedeutung für die Ergiebigkeit von Brunnen sind selbstverständlich die Niederschlagsmengen. Es ist hierbei jedoch zu beachten, dass eine Anreicherung des Grundwassers durch hohe Niederschlagsmengen nicht oder zumindest nicht zeitgleich mit einer Anhebung des Grundwasserspiegels verbunden sein muss. Der Anstieg oder das oberflächliche Ausströmen macht sich zumeist erst dann bemerkbar, wenn das Feuchtigkeitsdefizit der nicht gesättigten Bodenschichten aufgefüllt ist. Dieses Feuchtigkeitsdefizit wiederum ist abhängig von der Dichte der nicht gesättigten Zonen, das heißt von der Tiefe des Grundwassers. In der Region um Parakou zum Beispiel liegt die Höhe der notwendigen Wassermenge, um das Feuchtigkeitsdefizit aufzufüllen, bei ca. 550 bis 600 mm. Dies bedeutet, dass ein Ansteigen oder Ausfließen des Wassers entsprechend verspätet, also nicht mit den ersten Regen erfolgen kann und erst zeitlich verzögert im Ansteigen des Wasserniveaus in Brunnen erkennbar ist. Bei nur schwachen nicht gesättigten Schichten, also nicht sehr tief liegenden Grundwasservorkommen, erfolgt ein Anstieg dementsprechend zeitnäher. In bestimmen Fällen, zum Beispiel bei Brunnen in Verbindung mit einem sehr durchlässigen Lateritpanzer, kann ein quasi zeitgleiches Ansteigen des Wasserspiegels bei Regenfällen über 40 mm beobachtet werden.

In jedem Brunnen sind also im Prinzip die Veränderungen des Grundwasserspiegels im Verlauf eines Jahres bzw. im Wechsel von Regen- und Trockenzeiten festzustellen. Das Absinken des hydrostatischen Niveaus im Brunnen beruht auf der fortschreitenden Entleerung der Wasserschicht während der Trockenzeit, beginnend mit dem Ende der Regenfälle etwa Mitte Oktober. Diese Entleerung setzt sich oft bis über den Beginn der folgenden Regenzeit hinaus fort. Zu Beginn ist ein sehr schnelles Absinken (1,30 m bis 1,50 m pro Monat) des Wasserspiegels zu beobachten, welches sich bis zum Ende der Trockenzeit auf Werte zwischen 0,20 m und 0,40 m/Monat einpendelt. Als Folge extrem trockener oder regenreicher Jahre kann über diese saisonalen Schwankungen hinaus auch ein tendenzielles, das heißt längerfristiges Ansteigen oder Absinken beobachtet werden.

Ergiebige Brunnen können nur dort gebaut werden, wo es geeignete wasserführende Schichten gibt bzw. die Beschaffenheit der wasserführenden Schichten dies zulässt. In der Regel können Brunnen nur in weiche Böden und in Verwitterungsschichten eindringen und dort das Wasser der wasserführenden Schicht sammeln. Stärke und Beschaffenheit der Wasserschichten sind hierbei abhängig vom Muttergestein, vom Klima und der morphologischen Posititon.

Für Benin ist festzustellen, dass es außerhalb der Anschwemmungsgebiete des Niger praktisch keine großen und kontinuierlich wasserführenden Schichten gibt. Die dort errichteten Brunnen sind allerdings dauerhaft und verfügen über ausreichende Produktivität. Im Sandstein von Kandi weisen die Brunnen große Fördermengen auf und sind im Allgemeinen dauerhaft, sofern sie nicht auf Tonschichten oder frühzeitig auf den Sockel treffen. Die Verwitterung ist kein Phänomen, das sich gleichmäßig überall an der Oberfläche eines alten Gesteins fortsetzt. Sie hängt vielmehr ab von der Feuchtigkeit in den Rissen und Brüchen des Gesteins. Ein Brunnen, der in einem Bruch errichtet wurde, kann hierbei eine mächtige Wasserschicht erschließen und nur einige Meter nebenan, das heißt außerhalb der Bruchzone, trifft der Brunnen auf Gestein und wird kein Wasser führen. Für den Bau von Schachtbrunnen geeignete Grundwasserleiter sind in jedem Fall in den den kristallinen Gesteinen auflagernden Verwitterungsschichtern zu suchen. Um zu gewährleisten, dass diese Schichten auch noch in der Trockenzeit wassergesättigt sind, müssen Standorte gesucht werden, an denen die Mächtigkeit der Schichten mindestens 10 m beträgt. Eine Ausnahme bildet hier das Sedimentbecken von Kandi. Hier liegen allerdings die Stauschichten, auf denen sich das Grundwasser sammeln kann, in für Schachtbrunnen unsinnigen Tiefen von 50 m und mehr. Hier gilt es, Standorte mit hoch liegendem Stauhorizont zu finden.

## Technische Ausführung

Die Wasserfassung von Brunnen sollte stets am Ende der Trockenzeit erfolgen, das heißt beim tiefsten Wasserstand, um ein maximales Eindringen in die wasserführende Schicht zu gewährleisten. Wird dies nicht respektiert, kann man bis zur Hälfte des potenziellen Wasservolumens verlieren und der Brunnen fällt zwangsläufig trocken. Die Baustellen müssen zeitlich entsprechend geplant werden.

Die Güte eines Brunnens (Wassermenge und –qualität) hängt in erster Linie vom Ausbau im Bereich der wasserführenden Schicht ab. Der Einsatz leistungsfähiger Kompressoren und Pumpen ist hier unabdingbar. Er ermöglicht das Auspumpen nachfließenden Wassers und damit das Arbeiten an der Brunnensohle. Eine weitere Erleichterung ist der Einsatz des in DWHH/DED-Brunnen verwendeten Schneidrings, der ein einfacheres Eindringen in die wasserführende Schicht erleichtert.

## Anthropogene Einflüsse

Ein weiterer und häufig anzutreffender Grund für das Trockenfallen kann aber einfach auch in der Übernutzung der Brunnen liegen, wenn die Fördermengen die Produktivität des Brunnens übersteigen. Häufig ist zu beobachten, dass die Existenz eines Brunnens weitere Ansiedlungen nach sich zieht bzw. benachbarte Siedlungen sich ebenfalls am Brunnen versorgen. Das permanente Leerziehen der Brunnen führt langfristig zu Schäden im Bereich der Brunnensohle, zu Sandeintrag oder gar zu Verschüttungen. Aus diesem Grund muss die Anzahl der Nutzer den nur begrenzten Fördermengen angepasst werden. Im Falle des Brunnenbauprogramms legte man zusammen mit der *Direction de l'Hydraulique* die Obergrenze pro Brunnen auf Dörfer bis zu 500 Einwohnern fest.

Die Wartung von Schachtbrunnen kann nur über Nutzerkomitees gewährleistet werden. Es handelt sich um das Ersetzen von Eimern und Seilen, das Sauberhalten der Brunnenplatte und die periodische Reinigung des Sickerschachtes, um einfache Arbeiten also, die durch die Nutzer selbst durchgeführt werden können. In periodischen Abständen sollten die Brunnen jedoch auf Anfrage der Dörfer von den Baumannschaften gereinigt werden. Dies setzt voraus, dass sich Verantwortlichkeiten entwickeln und die Brunnen als kollektive Bauwerke der Dörfer anerkannt und akzeptiert sind. Und dies wiederum hat zur Voraussetzung, dass bei der Standortwahl der Brunnen, nach Abklärung der fachlichen Gesichtspunkte, auch die Wünsche der Nutzer berücksichtigt werden. Für einen sehr weit vom Dorf entfernten Brunnen lassen sich erfahrungsgemäß weniger Verantwortlichkeiten erzeugen als für einen Brunnen, der in Dorfnähe liegt und damit auch ständig benutzt wird. Auch hängt die Wartung und damit die Funktionalität der Brunnen weitgehend davon ab, welche alternativen Versorgungsmöglichkeiten in welcher Entfernung bereits zur Verfügung stehen und welche wassergebundenen Krankheiten unter Umständen im Dorf vorkommen.

Eine zentrale Rolle für die Wartung der Brunnen spielen hierbei die Frauen, denen in traditionellen Gesellschaften die Verantwortung für die Versorgung der Familie mit Trink- und Brauchwasser übertragen wird. Dem Wasserholen kommt hierbei aber auch eine wichtige soziale Funktion zu, denn die Wasserstelle ist – vor allem in patriarchalisch geprägten Gesellschaften – oft der einzige Ort, an dem sich die Frauen des Dorfes treffen und soziale Kontakte pflegen oder knüpfen können. Bei der Wahl des Brunnenstandorts sollten Frauen deshalb unbedingt konsultiert werden. In Dörfern mit gemischter ethnischer Zusammensetzung ist darauf zu achten, dass der Standort des Brunnens so gewählt wird, dass er nicht von einer Ethnie monopolisiert wird. Sofern die hydrogeologischen Bedingungen es zulassen, sollte – in Abstimmung mit den Dorfbewohnern – ein möglichst neutraler Platz gewählt werden. Nur auf diese Weise kann Akzeptanz erzeugt werden und in der Folge eine gesicherte Wartung der Brunnen.

Neben dem DED-DWHH-Programm waren ab Mitte der 80er Jahre auch der französische (AFVP) und der holländische Freiwilligendienst (SNV) sowie verschiedene Missionen im Bereich des Schachtbrunnenbaus tätig geworden. Für das Brunnenbauprogramm bedeutete dies, sich zukünftig an den Standards anderer Organisationen messen zu lassen und hatte zur Folge, „dass der DED nicht mehr ein losgelöstes, lokal begrenztes, eher vom Gedanken der ‚animation rurale' getragenes Programm betreiben kann". In Bezug auf die Projektregionen erfolgten direkte Absprachen mit den anderen im Wassersektor tätigen Akteuren. Es gelang jedoch nicht, die Programmplanung in der nationalen Planung zu verankern. Nach wie vor war die *Direction de l'Hydraulique* nicht in der Lage oder nicht willens, ihren Koordinationsaufgaben nachzukommen. Dies lag sicherlich auch daran, dass der vom Gedanken der Selbsthilfe und der Förderung von Eigeninitiative getragene Ansatz des Brunnenbauprogramms sich nicht ohne weiteres in ein staatliches Arbeitsschema fügte, welches, ohne Einbeziehung der Bevölkerung, darauf fixiert war, Planwerte abzuarbeiten.

Die Absprachen mit der *Direction de l'Hydraulique* beschränkten sich letztlich auf die Festlegung von nur drei Punkten, welche 1985 schriftlich fixiert wurden:

- Das Brunnenbauprogramm sollte ausschließlich in Dörfern mit nicht mehr als 500 Einwohnern tätig werden;
- dem Programm werden geologische und hydrogeologische Basisdaten zur Verfügung gestellt;
- den für die einzelnen Projektorte zuständigen Außenstellen (*Services Régionaux de l'Hydraulique*) sowie der *Direction de l'Hydraulique* werden regelmäßig Arbeitsberichte der Projekte zugeleitet.

Mehr war offensichtlich nicht möglich oder nicht gewünscht – sowohl von der einen als auch der anderen Seite. Der Evaluierungsbericht von 1986 kommt, was die Trägerfrage betrifft, zu dem unmissverständlichen Schluss, dass eine Koordination der Wasserbaumaßnahmen durch die beniner Regierungsstellen nicht erfolgt und dass dies, neben institutionellen Schwächen, mit begründet ist in der Konkurrenzsituation einzelner Geber.

Die Gründe hierfür ausschließlich auf ein Desinteresse bzw. auf mangelnde Leistungsfähigkeit des Trägers zurückzuführen, wird dem Sachverhalt allerdings nicht gerecht, denn die Verhandlungen wurden auch von Seiten des DED offensichtlich nur mit Vorbehalten geführt. Einerseits war die Regelung der Trägerfrage in Bezug auf das Kooperationsabkommen mit der DWHH unumgänglich und im Hinblick auf die „Übergabemöglichkeiten" ohne Alternative, andererseits wurden die Vorverhandlungen (1983) bereits mit dem Ziel geführt, die Arbeiten vor Ort möglichst unbelastet von schwerfälligen und – wie unterstellt wurde – zum Teil korrupten Entscheidungsstrukturen durchführen zu können.

Ganz eindeutig galt das Interesse der *Direction de l'Hydraulique* in erster Linie den großen Bohrprogrammen, mit denen sich das Brunnenbauprogramm nun zunehmend auseinanderzusetzen hatte. In dieser „Wettbewerbssituation" ging es auch darum, sich diesen professionellen Vorhaben, die mit großer Effizienz und hohem Finanz- und Technologieeinsatz arbeiteten, gegenüber zu behaupten.

Die Vorteile von Bohrbrunnen lagen zunächst in einem weit geringeren Zeitaufwand. In der Regel konnte eine ergiebige Bohrung in lediglich zwei bis drei Tagen niedergebracht werden, während für den Bau eines Schachtbrunnens im günstigsten Fall zwei bis drei Monate benötigt wurden. Auch die Wasserqualität von Bohrbrunnen war in der Regel besser, denn es handelt sich um geschlossene Systeme, welche Verunreinigungen bei der Förderung des Wassers verhindern. Das aus größeren Tiefen geförderte Wasser ist in hygienischer Hinsicht unbedenklicher, und die saisonalen Schwankungen in den Fördermengen sind in der Regel weit geringer als bei Schachtbrunnen.

Die Vorteile von Schachtbrunnen liegen dagegen in einem verhältnismäßig geringeren Wartungsaufwand und damit niedrigeren Unterhaltskosten. Die Nutzungsdauer eines gut ausgeführten und regelmäßig gewarteten Schachtbrunnens wird mit 30 bis 50 Jahren angegeben, sie liegt damit weit über dem eines Bohrbrunnens. Auch schien es evident, dass der hohe Wasserbedarf des Landes nicht annähernd durch Bohrprogramme abgedeckt werden konnte und dass vor allem Randlagen und damit besonders benachteiligte Dörfer nicht über die Bohrprogramme versorgt werden konnten.

Laut Rückmeldungen aus den Projekten bevorzugten die Dörfer zumeist Schachtbrunnen. Begründet wurde dies stets damit, dass es im Falle einer defekten Pumpe und bei den erfahrungsgemäß langen Reparaturzeiten keinerlei Zugang zu Trinkwasser gebe, während die Wasserversorgung über Schachtbrunnen, selbst bei Schäden an den Ziehvorrichtungen, doch permanent gesichert war. Man entschied sich auch deshalb für Schachtbrunnen, weil die Bau- und Unterhaltskosten geringer waren und weil über die Projekte der Zugang zu Ersatzteilen und technischer Hilfe gesichert war.

Sehr häufig erfolgten aber auch Nachfragen nach Schachtbrunnen, obwohl das Dorf bereits über eine Pumpe verfügte. Beim Ausfall der Handpumpe hatte man damit die Möglichkeit, auf eine Alternative auszuweichen. In allen Projekten war jedenfalls festzustellen, dass die Nachfrage weit höher war als die Kapazitäten. Priorität wurden deshalb Dörfer bedient, welche über keinerlei Versorgungseinrichtungen verfügten.

Tendenziell verfolgte die *Direction de l'Hydraulique* die Politik, den Bau von Schachtbrunnen eher im Nordteil des Landes durchzuführen, während der Süden, mit weit tiefer liegenden Grundwasserleitern, eindeutig den Bohrprogrammen vorbehalten werden sollte. Dies führte zu Überlegungen innerhalb des DED-DWHH-Programms, die Standorte nach und nach in den Norden des Landes zu verlegen. Mit der Evaluierung 1986 wurde die Realisierbarkeit dieser Zielsetzung überprüft. Es stellt sich heraus, dass eine Umsetzung nicht erfolgen konnte. Der wesentliche Grund war: Durch andere nationale und internationale Trinkwasser-Programme konnte ein Raum der nötigen Größenordnung (für neun Standorte) nicht gefunden werden. Das Verhältnis Aufwand und Ertrag (Kosten/Nutzen) in Bezug auf das Projektziel wäre nicht gerechtfertigt. In den Folgejahren vollzog sich dennoch eine partielle Verlagerung der Standorte nach Norden, zunächst mit der Doppelbesetzung des Projektplatzes Kalalé (1987) sowie durch die Einrichtung der Projektplätze Matéri (1989) und Banikoara (1993).

Im selben Zeitraum kam es zu drei weiteren wichtigen Neuerungen: die systematische Ausbildung der Entwicklungshelfer in Verfahren der Wasseranalyse, die Entwicklung verbindlicher Sicherheitsstandards sowie erste Kooperationsverträge mit den Distriktverwaltungen.

## Wasseranalyse

Wie bereits mehrfach erwähnt, handelt es sich bei Schachtbrunnen um nicht geschlossene Systeme, mit denen relativ oberflächennahes, das heißt in hygienischer Sicht nicht unbedenkliches Wasser gefördert wird. Aus diesem Grunde kam der Kontrolle der Wasserqualität zunehmende Bedeutung zu. Ab Mai 1986 wurden die im Brunnenbauprogramm tätigen Entwicklungshelfer von einem beniner Chemiker regelmäßig in Methoden der Wasseranalyse ausgebildet. Jedem Projekt standen kleine, mobile Laborkästen mit Reagenzien zur Verfügung, die eine chemische und bakteriologische Qualitätskontrolle des Wassers vor Ort, das heißt an jedem Brunnen ermöglichten. Die Entwicklungshelfer wurden angehalten, alle vom Programm erstellten Brunnen in regelmäßigen Abständen auf Wasserverunreinigungen zu überprüfen. Unter Berücksichtigung der tech-

nischen Möglichkeiten wurden allerdings nur solche Parameter getestet, bei deren Abweichen von der Norm das Programm auch eine Besserung herbeiführen konnte. Es handelt sich um:
- den Nachweis auf fäkale Kolibakterien und Gesamt-Kolibakterien;
- Hinweise auf den Zerfall von organischem Material (Ammonium, Nitrat, Nitrit);
- Verunreinigungen durch Infiltration von nahen Latrinen oder Abfallgruben;
- Eintrag von von Düngemitteln (Phosphat, Nitrat, Nitrit).

Außerdem wurden der ph-Wert gemessen sowie Farbe, Geruch und Geschmack des Wassers getestet.

Die Nutzer wurden angehalten, *Quellen der Verunreinigung zu vermeiden* und vor allem darauf zu achten, dass sich keine Latrinen oder Abfallgruben in der Nähe des Brunnens befanden. Darüber hinaus sollte eine *regelmäßige Desinfektion* mit *Eau de Javel* erfolgen, welches auch in den Dörfern im Handel und auf den Märkten erhältlich war. Die Nutzer wurden unterwiesen, mit einfachen Mitteln die Wassermenge im Brunnen zu ermitteln (Knotenschnur) sowie die notwendige Menge an *Eau de Javel* zu berechnen (1 Liter flüssiges *Eau de Javel* bzw. 0,25 Liter Pulver reichen für eine Wassersäule von 5 Metern). Nach einer Desinfektion musste der Brunnen für mindestens zwölf Stunden geschlossen bleiben. Bei starken Verschmutzungen wurde eine *Reinigung* des Brunnens erforderlich. Diese Arbeit konnte von der Nutzergruppe nicht selbständig durchgeführt werden. Zwei bis drei Arbeiter benötigten mit entsprechendem Maschineneinsatz (Kompressor, Pumpe, Fahrzeug) durchschnittlich zwei Arbeitstage für eine komplette Brunnenreinigung:
- Mindestens zwölf Stunden vor der eigentlichen Reinigung muss der Brunnen mit *Eau de Javel* desinfiziert werden.
- Der Brunnen wird mit Hilfe eines Kompressors leer gepumpt, wobei gleichzeitig die Brunnenwände mit dem desinfizierten Wasser und Bürsten gereinigt werden.
- Die Brunnensohle wird von Schlamm und sonstigen Verschmutzungen befreit.

- Die Brunnenwände und die Wasserfassung werden auf Schäden untersucht und der Allgemeinzustand protokolliert (Höhe des Wasserspiegels, Schlammeintrag, Vertikalität der Brunnenröhre, Risse usw.)
- Das nachlaufende Wasser wird nochmals mit *Eau de Javel* desinfiziert.
- Nach einer Wartezeit von mindestens zwölf Stunden kann der Brunnen wieder in Betrieb genommen werden.

Mit diesen Maßnahmen konnte zumindest sichergestellt werden, dass das geförderte Wasser in gesundheitlicher Hinsicht unbedenklich war. Es konnte damit jedoch nicht verhindert werden, dass das Wasser durch Verwendung unsauberer Fördergefäße, beim Transport und bei der Lagerung in den Häusern verunreinigt wurde. Diese hygienischen Probleme wurden später Gegenstand der Animationsprogramme.

### Sicherheitsvorschriften

Da in jedem der Projekte nun mehrere Baumannschaften parallel tätig waren, die kontinuierliche Überwachung der Bauarbeiten durch den Entwicklungshelfer damit also nicht mehr gewährleistet werden konnte, kam auch dem Sicherheitsaspekt wachsende Bedeutung zu. 1987 einigte sich die Fachgruppe auf Sicherheitsstandards, welche von allen Beteiligten zwingend einzuhalten waren. Eine sogenannte Sicherheitsfibel wurde in französischer Sprache erstellt und die Baumannschaften wurden – bei Strafe und Abmahnungen – verpflichtet, diese Vorgaben zu respektieren.

### Lokale Kooperationsverträge

Bereits ab den frühen 80er Jahren hatten sich zunächst informelle und praxisorientierte Zusammenarbeitsformen mit den *Comités Revolutionnaires d'Administration du District* (CRAD) herausgebildet. Begründet war dies zum einen durch die zu diesem Zeitpunkt noch schwebende Trägerfrage, zum anderen aber auch in dem Wunsch der Entwicklungshelfer, so eng wie nur möglich mit den Zielgruppen zusammenzuarbeiten. Die Nähe zur Zielgruppe konnte nach

Meinung der Beteiligten durch die Trägerschaft der *Direction de l'Hydraulique* nicht gesichert werden. Ihre Außenstellen, die *Services Régionaux de l'Hydraulique*, waren in ein zentralistisches System ohne klare Kompetenzen und Entscheidungsbefugnisse eingebunden und kaum in der Lage, auf Wünsche und Bedürfnisse der Dorfbevölkerung einzugehen. Vor diesem Hintergrund entwickelten sich die Distriktverwaltungen zum einzigen Ansprechpartner. Da es zwischen den Distrikten und der *Direction de l'Hydraulique* bzw. den *Services Régionaux de l'Hydraulique* keinen institutionalisierten Austausch von Informationen gab, hatte sich de facto eine Parallelstruktur entwickelt. Die Zusammenarbeit führte denn auch zur Unterzeichnung erster Kooperationsverträge zwischen den Distriktverwaltungen und den Projekten an den Standorten Kalalé (1987), Bassila und Kouandé (1988).

### Der Standardbrunnen

In technischer Hinsicht entwickelte sich in diesem Zeitraum der heute noch ausgeführte Standardbrunnen, welcher im Verlauf der Jahre und auf der Basis konkreter Erfahrungen und verbesserter technischer Möglichkeiten im Detail ständig weiter entwickelt wurde.

Der vom Programm ausgeführte Brunnen besteht im Wesentlichen aus drei Partien: der Brunnenröhre, der Wasserfassung und dem Brunnenkopf. Der Reihenfolge der Arbeiten folgend, soll die Bautechnik hier kurz beschrieben werden:

Ehe das Abteufen des Brunnenschachtes beginnt, wird zunächst ein Ringfundament betoniert. Es dient dazu, das obere Erdreich abzustützen und das Herabfallen von Steinen, Erdbrocken oder anderen Gegenständen zu verhindern. Später wird es als Fundament für den Brunnenkopf dienen.

### Brunnenröhre

Je nach Untergrund wird von Hand, mit Presslufthämmern oder im Extremfall auch durch Sprengungen, ein Brunnenschacht von 1,60 m Außendurchmesser abgegraben. Dabei ergeben sich prinzipiell zwei Möglichkeiten: Bei stabilem Erdreich werden die Grabarbeiten bis

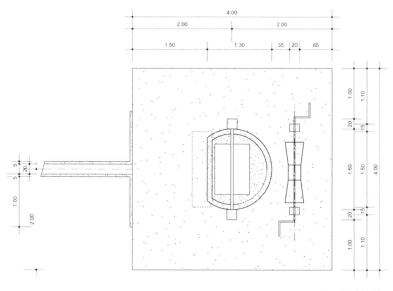

Grundriss M 1:50

zur wasserführenden Schicht durchgeführt und die Brunnenröhre dann von unten nach oben mit Hilfe einer einseitigen Innenschalung (dreiteilige Stahlsegmente) ausbetoniert; oder die Betonierung erfolgt schrittweise mit dem Abgraben der Röhre von oben nach unten, falls der Untergrund nicht stabil sein sollte.

Die erste Methode hat den Vorteil, dass dadurch im Schacht Wasser für die Betonierarbeiten zur Verfügung steht, welches im anderen Fall oft von weit her geschafft werden muss. Ein weiterer Vorteil ergibt sich daraus, dass bei den Betonierarbeiten von unten nach oben keine Fugen entstehen, über die dann eventuell der seitliche Eintritt von Oberflächenwasser erfolgen könnte.

Die Brunnenröhre wird an der Sohle und an der Geländeoberkante im Erdreich fundamentiert. Zwischen den beiden Punkten werden, je nach Tiefe des Schachtes, weitere Fundamente angebracht, deren Anzahl von der Stabilität des Erdreichs abhängt (Anhaltspunkt: alle 5 Meter). Die Wandstärke des Brunnenschachtes sollte mindestens 10 cm betragen. Damit ergibt sich ein Innendurchmesser des Schachtes von 1,40 m.

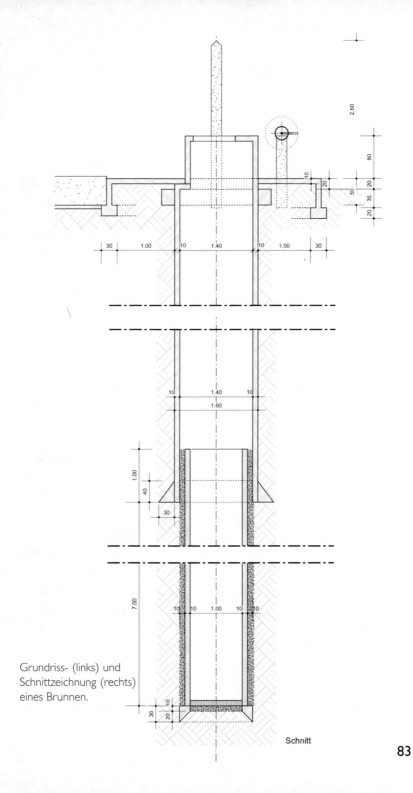

Grundriss- (links) und Schnittzeichnung (rechts) eines Brunnen.

Es ist von entscheidender Wichtigkeit, den Brunnenschacht absolut vertikal abzugraben. Hierzu wird mit verschiedenen Methoden (Holzkreuz, Dreipunkt) ein Senklot über der Schachtöffnung befestigt (die traditionelle Methode bestand darin, die Vertikalität des Brunnens beim Sonneneinfall zur Mittagszeit zu prüfen). Der Erdaushub erfolgt mit Eimern, welche im Paternostersystem über eine Handwinde bedient werden. Falls die Geländeformation (Hanglage) es erfordert, wird der Aushub dazu verwendet, in 50 bis 150 m Entfernung kleine Wälle (*diguettes*) aufzuschütten, welche den Brunnenkopf vor Erosion schützen (siehe auch die Bilder auf Seite 49).

Die Qualität der Betonarbeiten hängt weitgehend von den verfügbaren Materialien ab. Es ist Aufgabe der Dörfer, Sand und Kies bereitzustellen. Und dies hat zur Folge, dass man sich zumeist mit der lokal verfügbaren und häufig zweifelhaften Qualität begnügen muss (Verunreinigungen von Sand und Kies; keine Mischkörnung). Falls diese Materialien lokal nicht zur Verfügung stehen (Banikoara, Segbana) ist man teilweise dazu übergegangen, sie von Sand- und Kiesgruben in ausreichender Qualität anliefern zu lassen. In der Regel wird mit einem Mischungsverhältnis von 350 kg Zement/m$^3$ gearbeitet. Die Armierung erfolgt mit 6-mm-Eisen (19 vertikale und 5 horizontale Eisen pro laufendem Meter).

## Wasserfassung

Die Wasserfassung erfolgt mit gelochten Brunnenringen (320 Löcher pro laufendem Meter, Durchmesser 6 mm, nach innen ansteigend mit ca. 35°). Die Armierung erfolgt ebenfalls mit 6-mm-Eisen (16 vertikale und 5 horizontale Eisen pro Meter). Die Ringe werden mit Hilfe eines Dreifußes und einer mechanischen Winde abgelassen. Der unterste Ring verfügt über einen Schneidschuh, welcher das Eindringen in das Erdreich erleichtert. Die Ringe, mit einem Innendurchmesser von 1,0 m werden gleichzeitig mit einer 10 cm dikken Schicht aus Filterkies (10-15 mm, quarzitisch und gut gerundet) hinterschüttet. Durch Abgraben und gleichzeitiges Aufsetzen weiterer Ringe senkt sich die gesamte Röhre in die wasserführende Schicht. Diese Arbeiten sind mit großer Sorgfalt durchzuführen, denn die Güte des Brunnens hängt wesentlich von der Qualität der Wasserfassung ab. Da auf der Brunnensohle ständig Wasser in den Schacht eindringt, ist permanentes Auspumpen während der Arbeiten erforderlich und es ist darauf zu achten, dass sich die Röhre vertikal absenkt und nicht etwa verkantet. Bei felsigem Untergrund kann bzw. muss auf den Schneidschuh verzichtet werden. In diesem Fall wird der unterste Ring flach auf den Fels gesetzt und mit Kies hinterfüttert. Um ein horizontales Verschieben oder ein Abreißen der Ringe zu verhindern, sind diese mit Gewindestangen und Schrauben aneinander befestigt. Auf der Brunnensohle wird eine ca. 30-40 cm starke Filterschicht aus Kiesen verschiedener Körnung eingebracht (unten feine, nach oben ansteigend gröbere Körnung), welche durch eine gelochte Betonplatte geschützt wird.

## Brunnenkopf

Insbesondere im Bereich des Brunnenkopfes wurden entscheidende Veränderungen vorgenommen. Seine Gestaltung sollte einerseits hygienischen Gesichtspunkten Rechnung tragen und andererseits benutzerfreundlich sein. Der 80 cm hohe Brunnenrand ist von einer Brunnenplatte mit einer Seitenlänge von 4 Meter x 4 Meter und einer Stärke von 10 cm eingefasst, welche ein Gefälle nach außen aufweist und innen und außen auf Fundamenten gelagert ist. Das beim Ziehen verschüttete Wasser wird dadurch über eine Rinne in einen mit Steinen aufgefüllten Sickerschacht abgeleitet. Dieser Sickerschacht wird allerdings in den letzten Jahren des Programms nicht mehr ausgeführt, da festgestellt werden konnte, dass der Schacht von den Nutzern nur selten gereinigt wurde und damit ein Herd für Krankheitserreger entstand. Man ist nunmehr dazu übergegangen, das Wasser über eine längere Rinne abzuleiten und im Abstand von 15 m im Erdreich versickern zu lassen. Den Nutzern wird empfohlen, an den Versickerungsstellen Obstbäume, vorzugsweise Bananen anzupflanzen. Es bleibt abzuwarten, welche Ergebnisse dieses neue System erbringt.

Ganz entscheidend ist die Installation fester Ziehvorrichtungen. Es handelt sich hierbei um eine Seilwinde, die mit einer Umlenkung

Frauen an einem Brunnen ohne Ziehvorrichtung.

über Seilrollen, seitlich vom Brunnenschacht installiert ist. An zwei in gegenläufiger Richtung installierten Seilen (4-litzig, 16 mm) ist jeweils ein Gummieimer (verstärkter Maurereimer) mit ca. 15 Liter Fassungsvermögen angebracht, der in einem metallenen Eimerhalter befestigt und somit vor Verschleiß geschützt ist. Das Wasser kann somit im Paternoster-System gefördert werden. Durch diese Installation soll vermieden werden, dass die Nutzer eigene Seile und Schöpfgefäße (Plastikkanister bzw. aus Autoschläuchen gefertigte Wassersäcke) verwenden, welche die Gefahr von Schmutzeintrag erhöhen. Um eine Beschädigung der Brunnensohle zu vermeiden, ist die Länge der fest installierten Seile hierbei so bemessen, dass die Fördereimer nicht die Brunnensohle berühren können. Der Brunnenkopf wird mit gegen Korrosion behandelten Deckeln aus Stahlblech verschlossen, um Schmutzeintrag zu verhindern, aber auch um unnötige Sonneneinstrahlung zu vermeiden, welche das Wachstum von Algen im stets feuchten Brunnenschacht fördert.

Die Konzeption des Brunnenkopfes war mit kontroversen Diskussionen verbunden, zumal sich auch die Frauen zunächst kritisch äußerten und Mühe hatten, sich an das neue System zu gewöhnen. Wer einmal Frauen beim Wasserziehen an traditionellen Brunnen beobachtet hat, wobei eine Vielzahl verschiedener Seile und Fördergefäße zum Einsatz kommt und im Getümmel nach dem Motto „first come, first serve" nicht selten Seilstücke und sonstige Gerätschaften für immer im Brunnen verschwinden, kann sich leicht vorstellen, dass dieses neue, disziplinierende System nicht ohne Weiteres akzeptiert wurde. Zum einen erfordert die Bedienung der Seilwinde zwei Personen, zum anderen können nicht mehr als zwei Personen gleichzeitig Wasser ziehen. Von den Frauen wurde dies als Zeitverlust wahrgenommen. Seitens des Programms sah man jedoch keine Alternativen, wollte man ein möglichst langes, wartungsfreies Funktionieren der Brunnen gewährleisten und vor allem qualitativ gutes Trinkwasser zur Verfügung stellen.

Ab Mitte der 90er Jahre wurden die Brunnen systematisch umzäunt. Diese Maßnahme erfolgte nicht nur zum Schutz der Brunnen, sondern auch, um ihn als einen in hygienischer Hinsicht sensiblen Ort hervorzuheben. Zunächst wurde ein Zaun aus Bruchholz erstellt, bei gleichzeitiger Anpflanzung einer Hecke aus lokal verfügbaren Dornengewächsen, um – vor allem im Norden des Landes – das Vieh fern zu halten.

### Latrinenbau

Neben Brunnenbau wurde erstmals im Operationsplan 1984-1986 der Bau von Latrinen als begleitende Maßnahme genannt: „Der im Programm immer vertretene breitere Ansatz in Richtung auf ländliche Infrastrukturmaßnahmen fand seinen Niederschlag im Latrinenbau. Diese zweite Komponente wird stärker beachtet werden; ggfs. werden Maßnahmen des Latrinenbaus in einem Nachtrag in diesen Operationsplan einbezogen."

Während bereits in der Vorphase sporadisch Latrinen erstellt wurden, sollte diese Aufgabe nun in den Rang einer „zweiten Komponente" des Vorhabens aufrücken. Die mit dem Bau von Latrinen verbundenen Fragen etwa des Standorts, der Priorität für öffentliche Latrinen (etwa an Schulen, Marktplätzen oder Taxi-Bahnhöfen) oder

Öffentliche Latrine am Taxibahnhof in Savalou, Zou.

für private Hauslatrinen wurden innerhalb der Fachgruppe sehr kontrovers diskutiert.

Im Evaluierungsbericht von 1986 wird eindeutig der Latrinenbau an Schulen sowie der Bau von Gemeinschaftstoiletten in Städten befürwortet. Der Gutachter begründet dies mit dem hier möglichen hohen „Animations- und Sensibilisierungsansatz". Weiterhin führt er aus: „Privatlatrinen haben die geringste Priorität. Sie können lediglich dazu dienen, Arbeitstiefs zum Beispiel in der Regenzeit abzubauen. Generell sollte die Latrinenbau-Komponente im BRUN deutlich unter 30 Prozent des Gesamtaufwands bleiben."

Leider zeigte sich jedoch in den Folgejahren, dass sich für den Unterhalt öffentlicher oder schulischer Latrinen – trotz gegenteiliger Absichtserklärungen – keine Verantwortlichkeiten erzeugen ließen. Der schlechte Zustand der Toiletten führte im Regelfall zum Rückgriff auf klassische Entsorgungsarten im Busch. Ab dem Beginn der 90er Jahre wurden die Konsequenzen daraus gezogen. Die Projekte gingen dazu über, nur noch preisgünstige Latrinenplatten an Privathaushalte zu verkaufen.

## Hygieneberatung und Brunnenunterhalt

Immer deutlicher zeichnete sich ab 1986 die Notwendigkeit programmbegleitender Maßnahmen im Bereich Wasserhygiene und Brunnenunterhalt ab. Von der *Direction de l'Hydraulique* in Auftrag gegebene Untersuchungen hatten zum Beispiel ergeben, dass ca. 30 Prozent der Bevölkerung in ihrer Arbeitsfähigkeit durch Krankheiten beeinträchtigt sind, die auf den Genuss schlechten Wassers zurückzuführen sind. Im ländlichen Bereich, das heißt für ca. 3,6 Mio. Beniner, die in 6.000 weit verstreuten Dörfern leben, bilden traditionelle Brunnen und *marigôts* die einzige Möglichkeit der Trinkwasserversorgung. Nur ca. 600 Wasserstellen wiesen nach diesen Untersuchungen zufrieden stellende Eigenschaften in Bezug auf Wasserqualität und Dauerhaftigkeit auf.

Erste Ansätze im Animationsbereich zeichneten sich an den Projektstandorten Bassila und Banté ab, wo in Zusammenarbeit mit dem Gesundheitspersonal Animationsprogramme in zahlreichen Dörfern durchgeführt wurden. Die eigentliche Arbeit wurde hier von deutschen Krankenschwestern und deren beniner Kolleginnen geleistet. Die Brunnenbauer sahen sich nicht in der Lage, diese Aufgabe zu übernehmen. Ihrem Selbstverständnis nach waren sie ausschließlich für die Wasserförderung, das heißt die technische Seite der Arbeit verantwortlich. Dennoch wurden über sogenannte Technische Einweisungen erste Schritte in dieser Richtung unternommen.

Am Tag der Einweihung der Brunnen, häufig verbunden mit einer kleinen Zeremonie, wurden die Nutzer der Brunnen über Funktionsweise und notwendige Wartungsarbeiten an den Brunnen unterrichtet. Die Einweisung beschränkte sich allerdings vorwiegend auf technische Aspekte, wie zum Beispiel die Handhabung der Ziehvorrichtung, das Schmieren der Lager (mit Pflanzenöl oder Karité-Butter), das Ersetzen von Verschleißteilen (Holzlager, Seile, Eimer etc.), die regelmäßige Desinfektion des Brunnenwassers und das Säubern der Brunnenplatte.

Dass damit noch keine qualitativ gute Trinkwasserversorgung gegeben war, war indessen allen Beteiligten klar, denn auch wenn das Brunnenwasser in gesundheitlicher Hinsicht unbedenklich war, entstanden doch erhebliche Verschmutzungsprobleme beim Transport und der Lagerung des Wassers in den Haushalten. Das Brunnenwasser wurde in offenen Schüsseln oder Krügen auf dem Kopf transportiert, wobei häufig vom nächsten Busch oder Baum gebrochenes Laubwerk oder große Blätter in den Gefäßen dazu diente, das Überschwappen des Wassers zu verhindern. Ein Schmutzeintrag durch Staub, Insekten usw. erfolgte damit fast zwangsläufig. Für die Lagerung des Wassers in den Haushalten wurden große Tonkrüge verwendet, welche in den meisten Fällen nicht abgedeckt und damit jeder Art von Schmutzeintrag durch Staub oder Haustiere ausgesetzt waren.

In einem nächsten Schritt gingen einige der Projekte dazu über, diese Aspekte in ihre Aufklärungsarbeit mit einzubeziehen. Man sprach von der „Erweiterten Technischen Einweisung". Unterstützung erfuhren sie hierbei häufig von Mitarbeitern der Sozial- oder Gesundheitszentren. Die Arbeit war jedoch wenig strukturiert. Weder verfügte man über pädagogische Konzepte noch über didaktische Materialien. In der Regel beschränkte man sich auf eine einzige Veranstaltung im Rahmen der Brunneneinweihung, bei welcher sich die Frauen als eigentliche Akteure meist im Hintergrund hielten und sich Dialoge nur unter den Männern entwickelten. Die Nutzer betrachteten derartige Veranstaltungen wohl eher als Pflichtübung. Ein wachsendes Hygienebewußtsein oder Verhaltensänderungen waren kaum zu erwarten und zu erkennen.

Der Ansatz wurde denn auch durch ein 1989 in Auftrag gegebenes Gutachten zu Recht kritisiert und mit der Forderung verbunden, die Arbeiten inhaltlich und personell zu strukturieren. Das Gutachten empfahl eine engere Zusammenarbeit mit dem laufenden Animationsprogramm des Gesundheits- und Ernährungsprogramms (DED/GTZ). Dies betraf die Standorte Banté, Bassila, Kouandé und Savalou. Bei personellen Engpässen sollte zusätzliches einheimisches Animationspersonal rekrutiert, finanziert und ausgebildet werden. Vom Aufbau von Parallelstrukturen auf Dorfebene wurde abgeraten, die Arbeit sollte vielmehr von bereits bestehenden Dorfkomitees getragen werden. Eine, wie sich später zeigen sollte, nicht durchführbare Empfehlung.

## Wasserversorgung und Ökologie – ein Zielkonflikt?

Erstmals wurden in der genannten Studie auch ökologische Aspekte des Brunnenbaus thematisiert, wenn auch in kaum nachvollziehbarer Weise. So wurde die Behauptung aufgestellt, der Grundwasserspiegel in Benin sinke seit Jahren ständig ab und daraus leite sich ein Zielkonflikt für das Brunnenbauprogramm ab, denn einerseits sei das Grundbedürfnis der Bevölkerung nach Wasser zu befriedigen und andererseits richte der Bau von Brunnen begrenzte ökologische Schäden an. Belegt wurde diese Hypothese allerdings nicht. Zur Frage der ökologischen Rahmenbedingungen und der Auswirkungen des Brunnenbaus auf die Grundwasservorkommen, hatte der Evaluierungsbericht von 1986 bereits festgestellt:

„Die Frage der Erhaltung der ökologischen Rahmenbedingungen und der damit eng verbundenen Grundwasservorkommen kann auf der Grundlage des vorhandenen Datenmaterials nicht klar beantwortet werden ... Es gibt in Benin momentan immer noch keine genauen Zahlen darüber, wie hoch der Anteil des unterirdischen Abflusses und damit der Grundwasser-Neubildung am Gesamtwasserhaushalt ist. Bezogen auf die mittleren Jahresniederschlagshöhen in den verschiedenen Regionen zwischen 500 und 1.500 mm erscheinen mündlich mitgeteilte 120 mm für Regionen um 1.000 mm Jahresniederschlag als realistisch. Geht man von einem unterirdischen Einzugsgebiet eines Brunnens von 1 km$^2$ aus, so stünden hier 120 Mio. Liter Wasser/Jahr zu Verfügung. Das entspräche einer möglichen Entnahme von 3.8 l/s, die bei den Schachtbrunnen auf die Dauer gesehen kaum erreicht werden dürfte. Mit dieser Wassermenge könnte man 16.440 EW versorgen, wenn man 20l/EW/Tag zugrunde legt."

Im Gutachten von 1989 wird allerdings richtig erkannt, dass im exzessiven Baumwollanbau, vor allem im Zentrum und im Norden des Landes, und der damit verbundenen Brandrodung eine ernste Gefahr für die natürlichen Ressourcen zu sehen ist. Der dadurch bedingte Rückgang der Vegetationsdecke führt zu schnellem, oberflächigem Wasserabfluss und zur Verdunstung der Niederschläge und verhindert ein Eindringen des Wassers in die Bodenschichten sowie die Versorgung von natürlichen Wasserstellen (Flussläufe, Seen und *mârigots*). Diese Problematik wurde im Rahmen des Brunnenbauprogramms bereits früher diskutiert. So wurde das Trockenfallen von Brunnen am Standort Bassila in direktem Zusammenhang mit der Brandrodung gesehen, und im ersten Kooperationsvertrag wurden bereits Aufforstungsarbeiten erwähnt. Auch in Kalalé wird die Notwendigkeit ökologischer Begleitmaßnahmen vertraglich festgehalten.

Die Erkenntnis eines Zusammenhangs zwischen großflächigen Brandrodungen zum Anbau von Baumwolle und den daraus folgenden Konsequenzen für den lokalen Wasserhaushalt führte Ende der 80er/Anfang der 90er Jahre zu der Entscheidung, dort keine Brunnen mehr zu bauen, wo diese Infrastrukturmaßnahme zu einer Ausweitung der Baumwollgebiete führen konnte. Weit außerhalb der Dörfer liegende saisonale Gehöfte hätten ihre Aktivitäten bei der Verfügbarkeit von Wasser zunehmend auf das Busch- und Waldland ausdehnen können. Weiterhin wurden Anfragen von Baumwoll-Produktionsgemeinschaften abgelehnt, welche über die Baumwollerträge den Bau von Brunnen finanzieren wollten.

Die Argumentation unterstreicht die Notwendigkeit, den Bau von Brunnen nicht länger als rein technische Aufgabe zu sehen, sondern ihre Funktion und ihre Wirkungen auch im Bezug auf die sozialen und ökologischen Rahmenbedingungen und Konsequenzen zu betrachten. Damit wurde der Weg bereitet für eine Neuorientierung und ein neues Selbstverständnis des Programms, welches zu Beginn der 90er Jahre durch die Schwerpunktthemen Animation und Ökologie bestimmt war.

## Das Programm emanzipiert sich (1989–1994)

Mit der Auflösung aller Institutionen der Revolution sowie dem Ersetzen der revolutionären Altkader in den Distriktverwaltungen (nun wieder, wie in vor-revolutionärer Zeit „Unterpräfekturen") durch verwaltungstechnisch ausgebildete Beamte schienen nach dem Ende des marxistisch-leninistischen Experiments in Benin neue Rahmenbedingungen der Entwicklungszusammenarbeit gegeben. Für das Brunnenbauprogramm öffnete dies die Möglichkeit, verstärkt mit den Unterpräfekturen und damit näher an den Zielgruppen zu arbeiten.

Ende 1991 waren Kooperationsverträge mit den acht betroffenen Unterpräfekturen abgeschlossen. Darin wurde der finanzielle und personelle Beitrag der Beteiligten, das heißt Brunnenbauprogramm, Unterpräfektur und Zielgruppe geregelt. War der Erfolg der informellen Zusammenarbeit mit den Unterpräfekturen bislang weitgehend abhängig vom Engagement und Interesse der beteiligten Personen – sowohl auf Seiten der Partner als auch auf Seiten der Entwicklungshelfer – unternahm man nun den Versuch, diese durch den Aufbau von *comités de gestion* zu institutionalisieren. Diese Komitees, bestehend aus dem Unterpräfekten, dem Entwicklungshelfer, Vertretern des Gesundheits- und Erziehungsbereichs sowie Vertretern der Zielgruppe und anderer in der Region tätiger NRO hatten die Aufgabe, eine jährliche Bedarfs- und Arbeitsplanung zu erstellen sowie die Durchführung der Aktivitäten zu unterstützen und zu kontrollieren. Die lokalen Partner – und das heißt auch Vertreter der Zielgruppe – übernahmen erstmals umfassende Verantwortung für die Planung und Kontrolle der Maßnahmen.

Mit diesem Schritt hatte man nicht nur einen Beitrag zur Demokratisierung und zur Förderung der Zivilgesellschaft geleistet, sondern auch die Forderung einer sich international entwickelnden Diskussion umgesetzt, in deren Mittelpunkt die Begriffe Nachhaltigkeit und Subsidiarität standen. Nachhaltige Entwicklung war demnach nur dann möglich, wenn sie mit den Betroffenen geplant und durchgeführt wird. In der Stellungnahme des Regionalreferats zur Planungsvorlage 1990 hieß es dann auch ausdrücklich: „Das Brunnenbauprogramm hat sowohl in seinem inhaltlichen Ansatz und Vorgehen als auch in seinem Planungs- und Steuerungsverfahren für uns Modellcharakter ..."

Im November 1989 konnten im Rahmen eines Seminars erstmals in der Programmgeschichte logische, konsistente und vor allem überprüfbare Zielvorgaben entwickelt werden. Der inhaltliche Schwerpunkt der Planung verschob sich zunehmend auf den Unterhalt der gebauten Brunnen, und dieser konnte nur gesichert werden über entsprechende Beratung und Animationsprogramme. Bereits im Operationsplan für den Zeitraum 1987 bis 1989 war festgehalten worden: „Die Animations- und Sensibilisierungsarbeit wird verstärkt und ist ein fester Bestandteil des Brunnenbau-Programms. Die soziale Eingliederung der Brunnen entscheidet wesentlich über die spätere Nutzung und den Erfolg der Baumaßnahme mit. In den Distrikten Banté, Bassila und Kouandé werden wir mit dem DED-Gesundheitsprogramm die Animationsaktivitäten koordinieren, bei den anderen Standorten ist die Zusammenarbeit mit den bestehenden und funktionierenden Beniner Einrichtungen zu verstärken." Man musste allerdings selbstkritisch feststellen, dass der bisher im Rahmen der „Erweiterten Technischen Einweisung" geleistete einseitige Informationstransfer nichts zu tun hatte mit Animationsarbeit im eigentlichen Sinne. Es fehlte an einem Gesamtkonzept und jedes Projekt hatte bislang den Animationsbedarf nach Gutdünken interpretiert. Der naive Versuch, die Animationsarbeit auf eine solche vor, während und nach der Bauphase zu reduzieren, zeugte denn auch deutlich von der ausdrücklich eingestandenen Hilflosigkeit und mangelnden Kompetenz im Animationsbereich.

Daraus wurden 1990 Konsequenzen gezogen. Der gesamte Bereich der Beratung und Animation sollte in systematischer Weise von einem Entwicklungshelfer mit Pädagogikkenntnissen und Landeserfahrung aufgearbeitet werden. Das in der Folge entstandene deutschfranzösische Handbuch bildete fortan die Grundlage zum Aufbau eines systematischen Animations- und Sensibilisierungsprogramms als programmbegleitende Maßnahme.

Die Ausgangssituation soll hier kurz skizziert werden. Laut Projektabschlussbericht für die Phase III (1987 bis 1990) waren während der UN-Trinkwasserdekade (1981 bis 1990) vom Brunnenbauprogramm folgende Leistungen erbracht worden:

| Jahr | 1981–83 | 1984–86 | 1987–89 | 1989–90 | Gesamt |
|---|---|---|---|---|---|
| Neubauten | 267 | 239 | 143 | 65 | 714 |
| Reparaturen | 104 | 105 | 163 | 30 | 402 |

Darin enthalten sind jedoch auch etwa 330 Brunnen mit unzureichendem Wasserzufluss (gebaut zwischen 1980 und 1986). Nach strengen Kriterien bemessen verblieben damit zusammen mit den reparierten Einrichtungen 786 funktionelle Brunnen, das heißt Brunnen mit hinreichendem Wasserzufluss. Da man allerdings davon ausgehen musste, dass die Standardisierung der Brunnen erst ab 1987 durchgehend gewährleistet war, ergab sich eine Anzahl von 208 modernen Schachtbrunnen, das heißt Brunnen mit standardisiertem Brunnenkopf, sowie 193 rehabilitierte, das heißt auf neuen Standard gebrachte Brunnen – insgesamt also ca. 400 moderne Schachtbrunnen. Im statistischen Mittel wären somit an jedem Projektstandort ca. 50 Brunnen zu betreuen, die zudem noch weit verstreut in den zum Teil sehr ausgedehnten Projektgebieten errichtet waren. Damit schien es vollkommen aussichtslos, die Betreuung über das meist nur an den Hauptorten der Region vorhandene Gesundheitspersonal abzusichern. Die Aufgabe konnte nur gelöst werden, indem lokale und sektorspezifische Nutzerkomitees gebildet und ausgebildet wurden.

Die Gründung der Komitees erfolgte erst nach intensiven Informations- und Aufklärungskampagnen in Zusammenarbeit mit den Unterpräfekturen. Es galt zu verhindern, dass, wie in der Vergangenheit üblich, der Dorfchef die Mitgliedschaft in den Komitees anordnete. Alle Beteiligten wurden über die Aufgaben und Verantwortlichkeiten der Komitees unterrichtet und hatten genügend Zeit, die Zusammensetzung auf Dorfebene zu diskutieren. Auch schien es weit erfolgversprechender, die Ausbildung der Komitees über die Counterparts abzusichern, welche im Rahmen der mittlerweile an allen Standorten unterzeichneten Kooperationsverträge von den Unterpräfekturen zur Verfügung gestellt und bezahlt werden sollten. Selbstverständlich konnte, ja sollte aber auch lokales Gesundheitspersonal – soweit verfügbar – in die Ausbildung mit einbezogen werden.

Das Programm drängte zwar darauf, dass die Counterparts über Erfahrungen im Bereich der Dorf- bzw. Gemeinwesenarbeit verfügten sowie die Sprachen der verschiedenen Zielgruppen sprachen. Es erwies sich jedoch, dass die Unterpräfekturen nicht immer in der

Lage waren, den Projekten entsprechend qualifiziertes Personal zur Verfügung zu stellen. Tatsächlich schien es häufig so, dass darin auch eine günstige Gelegenheit gesehen wurde, sich von Mitarbeitern zu trennen, welche zwar auf den Gehaltslisten der Unterpräfekturen standen, ohne jedoch über konkrete Aufgabenbereiche zu verfügen. An einigen Standorten musste auf Fachkräfte anderer staatlicher Dienste zurückgegriffen werden (Alphabetiseure, Mitarbeiter der Sozialzentren etc.), welche die Sensibilisierungsarbeit für die Brunnenbauprojekte parallel zu ihren Hauptaufgaben durchführen sollten, da es hier ohnehin häufig zu Überschneidungen in der Aufgabenstellung kam.

Ein Vorteil in der Durchführung der Arbeiten durch die Counterparts wurde in jedem Fall darin gesehen, dass diese bereits über die gesamte Bauphase hinweg in ständigem und intensivem Kontakt mit den Dorfbewohnern waren und damit ein sicherlich für die Animationsarbeit förderliches Vertrauensverhältnis etablieren konnten.

Zunächst galt es jedoch, begriffliche Klarheiten zu schaffen. Der Begriff der Animation, der sich vorwiegend auf Erfahrungen in Asien und Lateinamerika bezog, wurde als kontinuierliche Unterstützung

Hygieneprobleme im Brunnenumfeld.

der Zielgruppen bei der selbständigen Identifizierung von Problemen und Entwicklung von Lösungen verstanden. Die Rolle der Animateure beschränkte sich hierbei darauf, durch sensibles Vorgehen den Zielgruppen Anstöße zu vermitteln, Armut schaffende Faktoren auf allen Ebenen zu erkennen und durch eigene Aktivitäten zu beseitigen.

Dieser Basis-Ansatz war jedoch kaum in Einklang zu bringen mit der Realität des Brunnenbauprogramms, welche durch planmäßige Aktivitäten zur Erreichung eines genau definierten Programmziels charakterisiert war. Über das zufällige Zusammenfallen von Programm- und Dorfinteressen hinaus gäbe es keine Berührungspunkte, weil diese sicherlich etwas idealisierte Art der Animation immer und zuerst beliebigen Dorfinteressen verpflichtet sein müsste und sich dadurch jeder Programmsteuerung entzöge. Es galt, den Unterhalt und die Wartung von ca. 400 bereits bestehenden Einrichtungen durch zielgerichtete Maßnahmen und sozusagen im Quereinstieg zu sichern.

Es schien evident, dass es sich hier vielmehr um einen Prozess der Sensibilisierung handeln musste, indem durch zielgerichtete Informationen und Aufklärung ein Problembewusstsein auf Ebene der Zielgruppen erst geschaffen werden musste, welches bislang nicht vorhanden war. Galt doch der Unterhalt der Brunnen nach Meinung der Dorfbevölkerung als Aufgabe des Staates bzw. derer, welche in seinem Auftrag die Brunnen gebaut hatten. In Hygienefragen fehlten der Zielgruppe fundamentale Kenntnisse über den Zusammenhang von Wasserqualität und Krankheiten.

Die Umsetzung der Maßnahmen erfolgte über die Einrichtung eines Projektplatzes „Fachberater Sensibilisierung" im Rahmen des Programms. In einer ersten Phase wurden die Counterparts im Rahmen regelmäßiger Ausbildungsveranstaltungen auf ihre Aufgabe vorbereitet. Neben fachlichen Fragen wurde vor allem versucht, das Personal methodisch und didaktisch auf die partizipative Arbeit mit den Zielgruppen vorzubereiten - ein im traditionellen Kontext, welcher gekennzeichnet ist durch ausgeprägtes hierarchisches Denken, notwendiger Schritt - auch und vor allem im Hinblick auf die Arbeit

mit Frauen. Die Ausbildung konzentrierte sich weiterhin auf folgende Schwerpunkte:
- Erstellung lokaler Wassernutzungspläne in Zusammenarbeit mit den Nutzern;
- der ökonomische Umgang mit der Ressource Wasser (zweckorientierte Wasserverwendung);
- wassergebundene Krankheiten und Hygienemaßnahmen;
- Unterhalt, Wartung und Schutz der Brunnen.

Um den Mitarbeitern auch technisches Hintergrundwissen zu vermitteln, wurden sie über Praktika in die organisatorische und logistische Vorbereitung und Betreuung der Baumaßnahmen sowie in Methoden der Wasseranalyse eingewiesen.

Die Hauptaufgabe bestand jedoch in der Unterstützung der Dörfer beim Aufbau der Brunnenkomitees sowie der Durchführung von Ausbildungsveranstaltungen, welche jeweils zentral für mehrere Dörfer gleichzeitig organisiert wurden. Die Zahl der jährlichen Veranstaltungen schwankte, abhängig von der Anzahl der Komitees, zwischen vier in Bassila und zehn in Savalou. Mindestens zwei Mal pro Jahr sollte jedes Komitee besucht, die Aktivitäten kontrolliert und in Problemfällen beraten werden. Nach anfänglich guten Ergebnissen – innerhalb eines Jahres waren bereits ca. 200 Brunnenkomitees gegründet und hatten eine erste Ausbildung erhalten – zeigten sich doch grundlegende Schwächen des Ansatzes.

In erster Linie ist hier die mangelnde Kompetenz und Motivation des von den Unterpräfekturen zur Verfügung gestellten Personals zu nennen. Wie bereits erwähnt, standen diese Mitarbeiter bislang zumeist ohne festen Aufgabenbereich auf den Lohnlisten der Unterpräfekturen. Sie zeigten sich nur wenig motiviert, nun plötzlich anstrengende Feldarbeit zu leisten, zumal die aus Projektmitteln bezahlten Tagegelder wohl nicht ihren Erwartungen entsprachen. Rückblickend warf dieser Sachverhalt wieder die Frage auf, ob man die eingeforderten und de facto unbefriedigenden Partnerleistungen nicht zugunsten größerer Effizienz vernachlässigen hätte sollen, um statt dessen kompetente und motivierte Mitarbeiter zu rekrutieren und aus Projektmitteln zu bezahlen.

Von wenigen Ausnahmen abgesehen, überließen die Entwicklungshelfer den gesamten Animationsbereich ihren Counterparts. Die mangelnde Integration der Entwicklungshelfer in die Ausbildungsprogramme erwies sich als Fehler. Das damit verbundene fehlende fachliche Wissen und die ohnehin reservierte Haltung diesem Bereich gegenüber führten häufig zu Mängeln in der Arbeitsorganisation, zu unzureichender Unterstützung der Mitarbeiter sowie einer falschen Beurteilung der von ihnen geleisteten Arbeiten.

Die Besonderheiten der einzelnen Projekte im Hinblick auf die natürlichen, ethnischen, sozialen und wirtschaftlichen Rahmenbedingungen schienen sich einem einheitlichen methodischen Ansatz zu entziehen, vielmehr sollte sich die Arbeit an dem für das Brunnenbauprogramm umgearbeiteten Führer „*Le point d'eau au village*. *Manuel de formation des formateurs villageois*" orientieren und an die jeweiligen Projektbedürfnisse angepasst werden. Dies erwies sich insofern als unrealistisch, als sich daraus eine Vielfalt von Arbeitsweisen entwickelte, die kaum vom verantwortlichen Fachberater nachgehalten und beurteilt werden konnten und ein fachlicher Austausch zwischen den Mitarbeitern in Bezug auf methodische und didaktische Fragen damit kaum gegeben war. In der Folgephase wurden diese Schwächen korrigiert.

## Die neue Sektorpolitik

Unter dem Druck der internationalen Geber wurde im Rahmen des Strukturanpassungsprogramms auch im Bereich der ländlichen Wasserversorgung eine neue Politik entwickelt. Die Strategie wurde von der *Direction de l'Hydraulique* in Zusammenarbeit mit der *Groupe Régional pour l'Afrique de l'Ouest du Programme PNUD-Banque Mondiale de l'Eau et de l'Assainissement* (GREA) erarbeitet und von der Regierung Benins im März 1992 verabschiedet. Sie umfasste die im Folgenden dargestellten Schwerpunkte:

- *Dezentralisation der Entscheidungsprozesse*
  Die *Zuständigkeit* für dörfliche Wasserversorgung wird bei den zukünftigen Gemeinden liegen. Anfragen sind an die dezentralisierten Außenstrukturen der *Direction de l'Hydraulique*, das heißt

die *Services Régionaux de l'Hydraulique* zu richten. Das Dorf verpflichtet sich hierbei zu einer finanziellen Beteiligung an den Investitionen sowie zur Übernahme aller Unterhaltskosten. Die *Services Régionaux de l'Hydraulique* engagieren sich auf zwei Ebenen:

Sie unterstützen zum einen die Dörfer bei der Formulierung der Anträge, der Wahl einer angepassten Versorgungseinrichtung sowie deren Bewirtschaftung; und

sie sammeln zum anderen die jährlichen Anfragen und organisieren öffentliche Ausschreibungen, an welchen lokale und regionale Unternehmen teilnehmen können.

- *Finanzielle Beteiligung der Gemeinden*
Hintergrund der finanziellen Beteiligung ist weniger der Aspekt der Nachhaltigkeit im Sinne einer „signifikanten" Beteiligung, sondern die Übertragung der Eigentumsrechte an den Versorgungseinrichtungen auf die Gemeinden. Im Bereich der Schachtbrunnen wird ein Eigenbeitrag von 10 bis 30 Prozent angestrebt, abhängig davon, ob die Ausführung der Bauarbeiten durch eine NRO (30 Prozent) oder ein Privatunternehmen (10 Prozent) erfolgt.
- *Verringerung der Bau- und Unterhaltskosten*
Die Wahl der Versorgungseinrichtung sowie die technischen Standards sollen den finanziellen Möglichkeiten der Gemeinden angepasst sein und nicht einer Philosophie des technisch Machbaren folgen.
- *Privatisierung*
Sowohl der Bau als auch der Unterhalt und die Bewirtschaftung sollen über Privatunternehmen ausgeführt werden.

Im Sinne dieses Ansatzes erfolgen die Ausschreibungen in kleinen Losen, was es lokalen und regionalen Privatunternehmen erlaubt, an den Ausschreibungen teilzunehmen.

Eine zusätzliche Unterstützung der Kleinunternehmen erfolgt über die Einrichtung eines Mietsystems für Baumaschinen, da die Unternehmen in der Regel nicht über eine ausreichende Maschinen- und Werkzeugausstattung verfügen.

Für das Brunnenbauprogramm waren mit der Umsetzung dieser Strategie natürlich elementare Fragen verbunden. Wird sich die Programmarbeit der neuen nationalen Strategie unterzuordnen haben? Inwiefern werden die bislang praktizierten finanziellen Beteiligungen der Dörfer beibehalten werden können? Kann die technische Arbeit weiterhin durch die Projektmannschaften erfolgen? Wird es zu einer Festlegung neuer technischer Standards kommen? Wer wird Eigentümer der Versorgungseinrichtungen sein?

Es stellte sich jedoch nach ersten Gesprächen mit den Verantwortlichen der *Direction de l'Hydraulique* heraus, dass für die Arbeit der NRO zunächst keine Veränderungen zu erwarten seien. Entgegen aller politischer Absichtserklärungen und Planungen setzte sich eine pragmatische Haltung durch, welche den im Wasserbereich tätigen NRO nach wie vor große Freiräume zugestand und auf institutionellen Druck verzichtete. Die Richtigkeit dieser Haltung wurde denn auch dadurch bestätigt, dass sich die Ansätze der NRO ab der zweiten Hälfte der 90er Jahre sukzessive an die als grundsätzlich vernünftig beurteilte nationale Wasserstrategie anpassten.

### Koordinationsbüro

Im Bereich der Programmarbeit war das sicherlich wichtigste Ereignis in dieser Programmphase der Aufbau eines Koordinationsbüros in Parakou (1992), verbunden mit dem Einsatz eines Entwicklungshelfers, welcher für die Programmplanung und -durchführung zuständig war. Die Einrichtung dieser Stelle war mit der Aufhebung der Stelle des DED-Programmassistenten für Benin notwendig geworden.

Im November 1992 erfolgte der Umzug in die Büroräume in Parakou, wo gleichzeitig auch der Aufbau eines Ersatzteil- und Materiallagers erfolgt war. Damit konnte die Logistik der Programmarbeit deutlich verbessert werden. Allein durch die Nähe zu den Projekten im Norden des Landes waren die Arbeits- und Kommunikationsmöglichkeiten – auch zwischen den einzelnen Projekten – entscheidend verbessert worden. Permanente Kontakte zu den Unterpräfekturen und zum *Service Régional de l'Hydraulique* Borgou führten in der

Folge zu einer wesentlich intensiveren Zusammenarbeit mit den Partnern.

## Pilotprojekt Banikaoara

1993 erfolgte die Wiedereinrichtung des Projektplatzes Banikoara. Dieser war 1980 nach achtjähriger Laufzeit aufgelöst worden, weil man davon ausging, dass eine ausreichende Wasserversorgung erreicht sei und die Unterhaltsarbeiten unter der Regie der Distriktverwaltung weitergeführt werden könnten. Beide Einschätzungen waren falsch. Der Distrikt unternahm keinerlei weitere Anstrengungen und es stellte sich heraus, dass in der gesamten Region nicht nur ein sehr hoher Bedarf an Brunnen bestand, sondern dass die Unterpräfektur wegen des exzessiven Baumwollanbaus eine drastische Verschlechterung der natürlichen Ressourcenlage und damit auch der Wasservorkommen verzeichnete.

Mit der Konzeption dieses Projektes ergab sich erstmals die Möglichkeit, einen integrierten Projektansatz zu realisieren. Ziel der Maßnahmen war die Verbesserung der Wasserversorgung, dies aber im Hinblick darauf, dass Wassermangel ja nicht lediglich im Fehlen eines Brunnens begründet ist, sondern häufig in der mangelhaften Bewirtschaftung aller natürlichen Ressourcen. Hoher Viehbestand und exzessiver Baumwollanbau hatten die Unterpräfektur Banikaora zwar zu einer ökonomisch reichen, in ökologischer Hinsicht aber äußerst gefährdeten Region gemacht. Für die Projektarbeit bedeutete dies, den Neubau von Brunnen oder die Rehabilitierung alter Brunnen nur in Zusammenhang mit ökologischen Begleitmaßnahmen durchzuführen und den Nutzern über Animationsarbeit und Beratung ökologisch verträgliche Bewirtschaftungsformen und alternative Einkommensmöglichkeiten aufzuzeigen.

# Brunnenbau und Ressourcenbewirtschaftung (1994–1996)

Im hier behandelten Zeitraum veränderte sich der Ansatz des Brunnenbauprogramms in nachhaltiger Weise. Kern des Vorhabens war nach wie vor die Trinkwasserversorgung. Von nun an umfasste der wesentlich breitere Programmansatz alle relevanten Aspekte eines auf Nachhaltigkeit abzielenden Ressourcenbewirtschaftungsprogramms. Erstmals wurden auch die Weichen im Hinblick auf eine Weiterführung der Aktivitäten durch lokale Fachkräfte gestellt. Um diesen Neuansatz abzusichern, galt es zunächst die notwendigen personellen Voraussetzungen zu schaffen.

Der Programmkoordinatior wurde von der DWHH unter Vertrag genommen. Er war nunmehr zuständig für Entscheidungen in Finanz- und Sachfragen, die sich im Rahmen der Projektplanungsübersicht, des Operationsplanes und des Kooperationsvertrags zwischen der DWHH und dem Träger ergaben. Damit war auch die Problematik der fachlichen Weisungsbefugnis geklärt, welche bislang im Widerspruch zu seinem Status als Entwicklungshelfer gestanden hatte. Darüber hinaus wurden ihm, in Absprache mit dem DED, im Bereich des Personalmanagements Befugnisse übertragen, die in etwa denen eines Programmassistenten entsprachen. Die Frage des Ansprechpartners bzw. der Außenvertretung des Programms wurde dahingehend geregelt, dass der Koordinator diese Rolle wahrnahm, den DED-Beauftragten jedoch „in geeigneter Weise" mit einzubeziehen hatte. Mit diesem Schritt übernahm die DWHH nach 13jähriger quasi stiller Teilhaberschaft am Brunnenbauprogramm erstmals auch umfassende inhaltliche Verantwortung für die Programmarbeit.

Die Arbeit des Koordinators wurde unterstützt durch einen beniner Sekretär, einen Hydrogeologen, einen Fachberater Animation/Sensibilisierung (ab 1994), einen Fachberater Ökologische Begleitmaßnahmen (ab 1994) sowie einen Fachberater Technik (ab 1995).

## Lokale Projektleiter

Gemäß der Programmplanung sollten bis zum Ende der aktuellen Phase (1996) vier Projektplätze von einheimischen Fachkräften weitergeführt werden. Es handelte sich um die Projektstandorte Savalou, Banté, Bassila und Kalalé, die nach folgenden Kriterien ausgewählt worden waren:

Der Projektplatz Kalalé war bereits 1980 eingerichtet worden und wurde ab 1987 sowohl wegen seiner flächenmäßigen Ausdehnung als auch wegen des hohen Arbeitsaufkommens mit einem zweiten Entwicklungshelfer besetzt. Mit dem Abzug des zweiten Entwicklungshelfers (1991) wurde dessen Platz von einem lokalen Mitarbeiter betreut, der bereits seit 1988, mit dem Abschluss des ersten Kooperationsvertrages, im Programm tätig war und über zahlreiche Praktika und Ausbildungen bestens für die neue Aufgabe als Projektleiter qualifiziert war.

Für die Standorte Savalou, Banté und Bassila wurde festgestellt, dass:

- an allen drei Standorten ein relativer Sättigungsgrad erreicht, das heißt die Nachfrage nach Neubrunnen rückläufig war. Die Hauptaktivitäten sollten sich vorwiegend auf den technischen Unterhalt der Brunnen, Reparaturen, Vertiefungen und Reinigungen beschränken;
- die technische Betreuung und Beratung der geographisch eng zusammenliegenden Projektstandorte durch einen gelernten Brunnenbauer abgesichert werden konnte, der ab Juli 1994 den Projektplatz Bassila übernommen hatte;
- die ebenfalls ab Juli 1994 für den Bereich Animation und Sensibilisierung zuständige Fachberaterin zuvor bereits an den Projektplätzen Savalou und Bassila tätig war und diese aus langjähriger Erfahrung bestens kannte. Dies schien auch in diesem Bereich eine intensivere Betreuung der Projekte möglich zu machen, da man davon ausgehen musste, dass die personelle Umstrukturierung der Projekte, das heißt die Rollenzuweisungen der alten und neuen Projektmitarbeiter zu Reibungsverlusten führen konnte.

Für die Leitung dieser Plätze (Savalou, Banté und Bassila) galt es, qualifizierte lokale Fachkräfte zu rekrutieren. Weder die Unterpräfekturen noch die *Direction de l'Hydraulique* oder die *Services Régionaux de l'Hydraulique* sahen sich in der Lage, entsprechendes Personal zur Verfügung stellen zu können. Die Qualifikation der neuen Mitarbeiter sollte hierbei zwei wesentlichen Anforderungen genügen. Zum einen sollten sie über eine formale, fachliche Ausbildung verfügen und sich damit im Kontext der beniner „Diplom-Hierarchien" als Ansprechpartner für Fachleute aus den staatlichen Diensten qualifizieren, zum anderen sollte vermieden werden, Theoretiker bzw. Akademiker zu gewinnen, welche erfahrungsgemäß kaum bereit waren, praktische, das heißt physische Arbeiten an weit abgelegenen Standorten zu verrichten. Im Rahmen einer Arbeitsgruppe legte man sich auf das *Certificat d'Aptitude Professionelle* als Mindestanforderung fest, welches formal in etwa der Facharbeiterausbildung in der Bundesrepublik entspricht. Im Zuge einer öffentlichen Ausschreibung bewarben sich 62 Kandidaten, von welchen zwölf einem schriftlichen und mündlichen Test unterzogen wurden. Bei den drei schließlich ausgewählten Mitarbeitern handelte es sich um einen Hydraulik-Ingenieur, einen Hydraulik-Facharbeiter sowie einen Bauingenieur. Vertragsrechtlich wurden die Mitarbeiter an die Unterpräfekturen gebunden, der DED übernahm jedoch die Lohn- und Sozialversicherungskosten aus Mitteln zur Förderung einheimischer Fachkräfte.

Mit leichten zeitlichen Verzögerungen nahmen die neuen Mitarbeiter 1995/96 ihre Arbeit in den Projekten auf. Zwar verfügten die neuen Projektleiter über technische Grundkenntnisse. Im Bau von Schachtbrunnen hatten sie jedoch nur begrenzte Erfahrungen vorzuweisen, denn trotz der weiten Verbreitung von Schachtbrunnen und deren hohem Stellenwert für die ländliche Wasserversorgung gibt es hierfür weder in Benin noch in anderen Ländern Westafrikas spezielle Ausbildungsgänge. Theoretische Grundkenntnisse werden lediglich im Rahmen allgemeiner Ausbildungen im Baubereich vermittelt. Ein ab Juli 1995 eingelesener Entwicklungshelfer übernahm als technischer Berater die Betreuung der Mitarbeiter vor Ort, die Kontrolle der Baustandards und der Sicherheitsvorschriften sowie die Organisation von Ausbildungsveranstaltungen in sowohl technischen als auch organisatorischen, logistischen und wirtschaftlichen Fragen.

Eine weitere Aufgabe des technischen Beraters bestand im Aufbau und der Betreuung einer Bohrmannschaft. Mit der Beschaffung eines Lastwagens (1995) konnte ein bereits vorhandenes gebrauchtes Handbohrgerät nun programmweit eingesetzt werden. Das Bohrgerät (pennsylvanisches Seilschlagverfahren) wurde vor allem in zwei Bereichen eingesetzt:

- zur Rehabilitierung von Altbrunnen, welche im Bereich der Brunnenröhren, bzw. der Wasserfassung Schäden aufwiesen und auf herkömmliche Weise nicht mehr zu reparieren waren. In diesem Falle wurde im Innern der Brunnenröhre eine Bohrung niedergebracht, der Brunnenkopf geschlossen und mit einer Handpumpe versehen;
- zur Unterstützung und Ergänzung der hydrogeologischen Arbeiten, sofern die Messergebnisse keine eindeutigen Werte über das Vorhandensein wasserführender Schichten bzw. die geo-morphologische Zusammensetzung der Erdschichten erbrachten.

In besonderen Fällen ging man unter der Aufsicht des technischen Beraters auch dazu über, Sprengarbeiten durchzuführen. Die Sprengungen durften aus rechtlichen Gründen jedoch nicht von eigenen Mitarbeitern durchgeführt werden, sondern ausschließlich durch eine staatlich autorisierte Privatfirma mit Sitz in Parakou. In jedem Fall wurden Sprengungen nur dann durchgeführt, wenn ein Weitergraben mit herkömmlichen Mitteln nicht mehr möglich war, die Arbeiten jedoch bereits soweit fortgeschritten waren, dass eine Aufgabe des Brunnenschachtes zu einem nicht vertretbaren finanziellen Verlust geführt hätte.

### Animation

Im selben Zeitraum konnten für zunächst sechs Projektorte (Banté, Kouandé, Kandi, Segbana, Kalalé und Bassila) Animatricen eingestellt werden. Dieser Schritt war nötig geworden, um das hohe und anwachsende Arbeitsaufkommen in diesem Bereich abdecken zu können. Mit bislang nur einem für Animation verantwortlichen Counterpart, welcher in der Regel zudem auch für technisch-organisatorische Fragen eingesetzt wurde, war das Arbeitspensum nicht zu leisten. Nicht nur waren pro Standort bis zu 100 Brunnenkomitees aufzubauen und zu betreuen, auch wurde das Arbeitsaufkommen durch die Einführung ökologischer Begleitmaßnahmen ab 1994 de facto verdoppelt.

Bei der Personalwahl trug man erstmals auch der Tatsache Rechnung, dass es sich bei den Nutzern der Brunnen fast ausschließlich um Frauen handelte. Man ging davon aus, dass der Zugang zu den Zielgruppen durch den Einsatz weiblicher Mitarbeiter wesentlich erleichtert würde. Männliche Animateure und auch die Counterparts sahen sich in der Tat gezwungen, in den traditionell strukturierten Gesellschaften in erster Linie mit Männern zu verhandeln, wollten sie ihren geschlechtsspezifischen und damit auch sozialen Status nicht aufs Spiel setzen. Begründet wurde dieser Schritt aber auch durch die zu Beginn der 90er Jahre einsetzende und vom DED durch die Einlese einer Programmassistentin unterstützte neue Konzeption im Bereich Frauen und Entwicklungszusammenarbeit.

Eine im Jahre 1996 vom Brunnenbauprogramm in Auftrag gegebene Studie belegte denn auch, dass der weibliche Bevölkerungsteil, obwohl traditionell für die Wasserversorgung zuständig, nicht in genügender Weise in die Entscheidungsprozesse eingebunden war. Der Bau eines Brunnens gehörte als wichtige Infrastrukturmaßnahme, aber häufig auch als Prestigeobjekt, eindeutig zum Entscheidungsbereich der Männer. So war es den Frauen im Privatbereich zwar durchaus möglich, auf den Bau eines Brunnens zu drängen, um ihre Arbeitsbelastung zu erleichtern. Doch die Entscheidung und das Einleiten der notwendigen Schritte waren ausschließlich Männersache, in erster Linie der Weisen des Dorfes, der traditionellen Führer, des Dorfchefs oder des Bürgermeisters. Den Forderungen der Studie, bei der Antragstellung auf die Präsenz von Frauen zu drängen sowie in Zusammenarbeit mit Frauen und Männern des Dorfes eine ganze Reihe von vorbereitenden Milieustudien durchzuführen, sah sich das Brunnenbauprogramm personell nicht gewachsen. Auch konnte es nicht Aufgabe des Programms sein, den Bau eines Brunnens vom Verzicht auf traditionelle Sozialstrukturen abhängig zu machen.

Dennoch leistete das Programm über die Befriedigung praktischer Bedürfnisse hinaus einen wesentlichen Beitrag zur Erfüllung der strategischen Bedürfnisse der Frauen. Als Mitglieder der Brunnenkomitees kam ihnen eine wichtige Vermittlerrolle zwischen Projekt und Bevölkerung zu, und im Rahmen der Animations- und Beratungsveranstaltungen wurde ihre zentrale Rolle im Bereich der Trinkwasserversorgung deutlich hervorgehoben und unterstrichen. Die Arbeit mit Animatricen erwies sich hier als sehr erfolgreich.

Das gesamte im Bereich der Beratung und Animation tätige Personal, das heißt Counterparts und Animatricen war ab Oktober 1995 im Verlauf mehrerer Seminare in der Beteiligung fördernden und in Westafrika verbreiteten Methode GRAAP ausgebildet worden. Damit verfügten die Mitarbeiter nunmehr über eine einheitliche Arbeitsgrundlage und es konnte methodisch sichergestellt werden, dass alle relevanten Bevölkerungsgruppen – und hier vor allem die Frauen – ihre Erwartungen und Bedürfnisse zum Ausdruck bringen konnten.

## Ökologische Begleitmaßnahmen

Nach einer langen Diskussionsphase, welche mit der Problematisierung der ökologischen Rahmenbedingungen – vor allem im Nordteil des Landes – bereits mit dem Gutachten 1986 eingesetzt hatte, wurde Ende 1993 die Einrichtung einer Entwicklungshelfer-Stelle für ökologische Begleitmaßnahmen beschlossen. Als Programmziel wurde bereits 1993 und 1994 formuliert: „Verbesserte Bewirtschaftung der dörflichen Wasserressourcen in vier Départments des Landes Benin."

Dieser neue Ansatz sollte laut Planung auf verschiedenen Ebenen umgesetzt werden. Neben verstärkten Anstrengungen im Bereich „zweckorientierte Wasserverwendung" über das Animationsprogramm sollten in Zusammenarbeit mit den Nutzern einfache, lokale Wassernutzungspläne erarbeitet werden. Das Animationsprogramm sollte damit um den Bereich „dörfliche Ökologie" erweitert werden. Ziel des Ansatzes war es, *alle* dörflichen Wasserstellen mit einzubeziehen, denn die Realität hatte gezeigt, dass die hohe Qualität und Ergiebigkeit der Brunnen die Nutzer zur Befriedigung vieler Bedürfnisse mit Brunnenwasser verleitet und diese Übernutzung zum Trockenfallen der Brunnen führt. Durch das partizipative Erarbeiten lokaler Wassernutzungspläne sollte sichergestellt werden, dass die Befriedigung landwirtschaftlicher Bedürfnisse (Gartenbau, kleine Bewässerungsanlagen, Viehtränke usw.) sowie handwerklicher Bedürfnisse (Hausbau, Färben usw.), aber auch hauswirtschaftlicher Bedürfnisse (Waschen, Geschirrspülen, Duschen) über natürliche Wasserstellen erfolgt. Damit kann die für den menschlichen Konsum zur Verfügung stehende Wassermenge gesteigert und ganzjährig verfügbar gemacht werden.

Auch wurde festgestellt, dass ein Großteil der Brunnen während der Regenzeit weit weniger oder aber gar nicht mehr benutzt wurde. Die Wasserversorgung erfolgte dann wieder über hygienisch bedenkliche Oberflächengewässer. Als Gründe hierfür wurden festgestellt, dass Oberflächenwasser häufig wegen seines erdigen und damit besseren Geschmacks bevorzugt wurde und die Wegstrecken zu natürlichen Wasserstellen oftmals kürzer waren und damit eine Arbeitserleichterung darstellten. Es stand aber auch die Vorstellung dahinter, dass die Wasserreserven eines Brunnens begrenzt sind und es daher vorteilhaft, ja notwendig sei, ihm eine Ruhephase zu gönnen.

Darüber hinaus ging es bei dem neuen Ansatz um Konzeption und Durchführung begleitender ökologischer Aktivitäten, wie zum Beispiel die Gründung von Baumschulen, Wiederaufforstungsmaßnahmen, Unterstützung agro-forstwirtschaftlicher Techniken, Bienenhaltung usw. in Zusammenarbeit mit dem Fachbereich Landwirtschaft des DED.

Wie sich sehr schnell herausstellte, konnte der mit diesen Zielsetzungen verbundene konzeptionelle und organisatorische Arbeitsaufwand nicht durch eine einfache inhaltliche Ausweitung der Animationskomponente abgedeckt werden. So kam es zur Einlese eines Fachberaters für ökologische Begleitmaßnahmen ab März 1994.

Der Bau von Brunnen kann die Wassersituation in den Projektgebieten zwar für eine gewisse Zeit verbessern. Diese Investition macht aber mittel- und langfristig nur Sinn, wenn gleichzeitig die für eine regelmäßige und ungestörte Realimentierung der Wasservorkommen erforderlichen physischen Gegebenheiten geschaffen werden. Ziel einer Konzeption, welche programmweit umgesetzt werden sollte, war es, den elementaren Zusammenhang zwischen Klima, Vegetation, Böden und Wasser und deren Veränderungen durch anthropogene Eingriffe sowie die Mechanismen der Wassererosion zu verdeutlichen.

Wichtigster Problemkreis war die häufige und systematische Zerstörung der Bodenbedeckung durch Buschfeuer während der Trockenzeit. Diese Feuer, die sich häufig unkontrolliert ausbreiten, dienen nicht nur der Vorbereitung von Anbauflächen, sondern ebenfalls einer längst anachronistisch gewordenen Buschjagd – und dies zu einem für die Vegetation äußerst kritischen Zeitpunkt am Ende der Trockenzeiten.

Ein zweiter wichtiger Faktor der Umweltbedrohung war in dem sich kontinuierlich verbreitenden und mit Hilfe von staatlichen Kreditsystemen massiv geförderten Baumwollanbau zu sehen. Die Erschließung immer größerer Anbauflächen, die dann für die Nahrungsmittelproduktion nicht mehr zur Verfügung standen, führte zu einer ernsten Gefährdung der Ernährungslage in den Nordregionen des Landes – ganz ausgeprägt in Banikoara. Festzustellen war unter anderem das rasche Verschwinden von sowohl in der traditionellen Ernährungsweise wichtigen Baumarten (zum Beispiel Karité und Néré) als auch von lokal benutzten Heilpflanzen. Dazu kam der sich beschleunigende Verlust der Bodenfruchtbarkeit, einmal durch die fehlende Bodenbedeckung, zum anderen auch ganz einfach durch radikales Abholzen, um die Bearbeitung der Anbauflächen mit Zugochsen zu ermöglichen. In der gleichzeitigen, massiven Verwendung von Pestiziden und Mineraldünger musste langfristig und unausweichlich eine Gefahr für die Wasservorkommen entstehen.

Es wurde eine programmweite Interventionsstrategie entwickelt, in deren Mittelpunkt die Einrichtung einer ca. 1 Hektar großen Schutzzone um jeden Neubrunnen und um jeden zu reparierenden Brunnen stand. Aktionspläne zur Installierung, Überwachung und Nutzung der Schutzzonen wurden in partizipativer Weise – unter ausdrücklicher Einbeziehung der Frauen – mit den Nutzergruppen geplant. Sie verfolgten das Ziel, Modelle eines rationell genutzten Raumes unter Berücksichtigung der ökologischen Zusammenhänge einzurichten, welche von den Zielgruppen auch auf andere Flächen übertragen werden konnten. Grundlage der Planung waren vom Programm entwickelte Basiskriterien, welche, in die jeweiligen Lokalsprachen übersetzt, Gegenstand einer zwischen Dorf, Projekt und den Unterpräfekturen ausgearbeiteten Konvention waren. Im Einzelnen sah diese Konvention vor:

- keine Brandrodung innerhalb der Schutzzone sowie die Einhaltung des offiziellen Buschfeuerkalenders auf der Gesamtfläche des Dorfes;
- keine Verwendung von Pestiziden und Mineraldünger beim Anbau innerhalb der Schutzzone;
- Aufforstung mit verschiedenen lokalen Baumarten (nicht nur Obstbäumen) und Schutz der schon existierenden Bäume.

Damit war ein neues strategisches Element mit in den Programmansatz aufgenommen, denn dies bedeutete, dass sich technische Maßnahmen zukünftig prioritär auf Dörfer bezogen, welche bereit waren, neben den finanziellen und physischen Eigenbeiträgen zu einer langfristigen Stabilisierung der ökologischen Rahmenbedingungen beizutragen. Innerhalb eines Zeitraums von zwei Jahren waren bereits 33 Schutzzonen eingerichtet, die gemäß der Programmvorgabe von den Zielgruppen bewirtschaftet wurden.

Ein zweiter Arbeitsschwerpunkt des Programmteils Ökologie bestand in der Unterstützung von Selbsthilfeinitiativen und der Durchführung von „Mikroprojekten" auf Ebene der Zielgruppen, welche direkt oder indirekt durch Aufbau von Baumschulen, Unterstützung bei Wiederaufforstungsmaßnahmen, Aufbau und Bewässerung von Gemüsegärten, Bau verbesserter Feuerstellen usw. zum langfristigen Schutz der Ressource Wasser beitragen konnten. Die Umsetzung der einzelnen Vorhaben erfolgte in Zusammenarbeit mit den Zielgruppen, den Projektleitern sowie dem Fachberater für ökologische Begleitmaßnahmen.

Das wichtigste im Rahmen dieser Kleinmaßnahmen durchgeführte Vorhaben war sicherlich die Ausbildung und Betreuung semi-moderner Bienenhalter an den Standorten Bassila und Banikoara. Insbesondere in Banikoara, mitten im Baumwollgürtel Benins gelegen, konnten mit großem Erfolg 72 Teilnehmer, darunter eine Frauengruppe, ausgebildet werden. Die mit relativ geringen Investitionskosten und mäßigem Zeitaufwand verbundene Bienenhaltung erwies sich als ideale landwirtschaftliche Komplementäraktivität. Sie führte nicht nur zu bedeutenden Einkommenssteigerungen, sondern erwies sich auch als ideales Mittel, die Zielgruppen für Umweltprobleme zu sensibilisieren.

## Neue Standorte

Im Bereich der Projektstandorte ergaben sich im hier behandelten Zeitraum zwei Änderungen. So sollte der Projektstandort Bopa im Département Mono – nach Rücksprache mit DED und DWHH – mit dem Ende der Vertragszeit des Entwicklungshlfers, ab März 1996, nicht mehr besetzt werden.

Begründet war dieser Beschluss in zwei Sachverhalten. Zum einen war der Neubau von Schachtbrunnen bei Grundwassertiefen von zum Teil über 50 Metern nicht mehr zu rechtfertigen. Daraus war bereits für die vergangenen Jahre die Konsequenz gezogen worden, die technischen Arbeiten auf Reparaturen und Reinigungen zu beschränken sowie das Engagement im Animationsbereich zu verstärken. Zum anderen sollte – unterstützt durch die GTZ – nun in diesem Département die neue nationale Trinkwasserstrategie umgesetzt werden.

Zwei DED-Entwicklungshelfer sollten im Rahmen dieses Vorhabens tätig sein, wobei in einer ersten Phase der Schwerpunkt auf Animation und Sensibilisierung der Zielgruppen liegen sollte. Man konnte also davon ausgehen, dass hier die Nachbetreuung der vom Programm gebauten Brunnen gesichert war.

Zum anderen wurde das Brunnenbauprojekt Matéri mit gesondertem Budgetansatz ab Oktober 1995 in das Brunnenbauprogramm eingegliedert. Durch die Beendigung des von einem englischen NRO-

Netzwerk geförderten integrierten ländlichen Projekts war auch die Wasserversorgung der Region nicht mehr gesichert.

## Infrastruktur

Mit dem Einsatz beniner Projektleiter – und zu diesem Zeitpunkt noch davon ausgehend, dass die Weiterführung der Maßnahmen in irgendeiner Form durch lokale Strukturen gesichert werden könnte – wurde es notwendig, die Infrastruktur der Projekte anzupassen. Wie weiter oben bereits beschrieben, führte das Zusammenfallen von Wohnhaus des Entwicklungshelfers und Arbeitsplatz (Bauhof) bislang zu einer verzerrten Wahrnehmung der Projektarbeit durch die Öffentlichkeit. In den Augen der Beniner handelte es sich um Hilfsmaßnahmen der Weißen bzw. Deutschen ohne erkennbaren Bezug zu lokalen Strukturen. Dies wurde geändert, indem zunächst an vier Standorten (Savalou, Banté, Bassila und Kandi) auf dem Gelände der Unterpräfekturen – und damit sichtbar an die lokalen Verwaltungsstrukturen angebunden – Magazin- und Bürobauten für die Brunnenbauprojekte errichtet wurden. Die Finanzierung wurde vom DED übernommen.

## Kooperation mit den Unterpräfekturen

Mit der Neufassung der Kooperationsverträge mit den Unterpräfekturen für die Phase V des Programms (1994-1997) konnte erstmals auch die Vertragssituation der einheimischen Brunnenbauer geregelt werden. Die Unterpräfekturen erklärten sich zur vertraglichen Übernahme des Personals bereit. Die Kosten der Sozialversicherung wurden aus Programmmitteln beglichen und die Löhne nach wie vor aus den finanziellen Beiträgen der Dörfer. Rechte und Pflichten beider Seiten wurden in einer „*Convention de travail*" im Anhang zu den Kooperationsverträgen geregelt. Allerdings war festzustellen, dass sich die Zusammenarbeit mit den Unterpräfekturen als zunehmend schwierig erwies. Dies war in erster Linie dadurch bedingt, dass das in der beniner Verfassung verankerte Dezentralisationsvorhaben sich zu konkretisieren begann. Den Plänen folgend sollten noch vor Jahresende 1995 die Unterpräfekturen durch Gemeinden mit gewählten

Bürgermeistern ersetzt werden. Die Arbeit der Unterpräfekturen war durch diese Ankündigung quasi paralysiert. Es kam zu erheblichen Budgetverzögerungen mit der Folge, dass Löhne für die Angestellten - und davon waren auch zahlreiche Projektmitarbeiter betroffen - nicht mehr bezahlt werden konnten. Ein weiterer Grund für die sich verschlechternde Zusammenarbeit lag darin, dass die Unterpräfekten über Monate hinweg mit der Vorbereitung der für März 1996 vorgesehenen Präsidentschaftswahlen beschäftigt waren. Dies allerdings mit sicherlich nicht vorgesehenen Folgen, denn in einer für alle überraschenden Aktion wurden Anfang September 1995 nahezu alle der über 70 Amtsinhaber ausgetauscht. Es war deutlich, dass es sich hierbei um ein wahltaktisches Manöver des damaligen Präsidenten Soglo handelte, der diese Schlüsselpositionen mit Parteigängern besetzen wollte, um seine Wahlchancen zu erhöhen. Für die Programmarbeit war dies um so bedauerlicher, als mit dem Personalwechsel nicht nur bewährte Partner ausschieden, sondern auch wieder aufwändige und zeitraubende Arbeitsstrukturen mit den neuen Amtsinhabern aufgebaut werden mussten. Darüber hinaus blieb es völlig offen, ob die Arbeit mit den Unterpräfekturen grundsätzlich weitergeführt werden konnte oder ob bereits mögliche Zusammenarbeitsformen mit den Gemeinden geprüft werden sollten.

## Monitoring & Evaluierung

Als neues Element wurde der Aufbau eines angepassten *Monitoring&Evaluation*-Systems (M&E) in die Planung aufgenommen. Die wachsende Komplexität des Vorhabens erforderte sowohl auf Projektebene als auch im Bereich der Koordination verbesserte Planungs- und Kontrollinstrumente. Die Erarbeitung eines detaillierten Operationsplans als Grundlage dieses M&E-Systems wurde ergänzt durch eine erstmalig durchgeführte vollständige und informatisierte Erfassung aller vom Programm gebauten Brunnen in den Projektgebieten. Auch wurde das Berichtswesen neu organisiert und auf zeitnahe Datenerhebung (vierteljährlich) und auf Informationen reduziert, welche die Beurteilung des Projektfortschritts ermöglichten. Auf Projektebene waren Arbeitspläne zu erstellen, die die Abstimmung der Aktivitäten mit den Vorgaben der verschiedenen Programmteile ermöglichten.

## Evaluierung 1996

Im Juni 1996 wurde eine Evaluierung des Programms durch einen externen Gutachter durchgeführt. Der Gutachter empfahl eine Fortsetzung des Programms mit folgenden Schwerpunkten:

- Um eine Verhaltensänderung bei den Zielgruppen in Bezug auf die Umweltprobleme bzw. ökologischen Rahmenbedingungen herbeizuführen, ist eine verstärkte Animationsarbeit über einen ausreichend langen Zeitraum erforderlich;
- Renovierungen und Reinigungen haben Priorität vor dem nach wie vor notwendigen Neubau von Brunnen;
- die Arbeit der *comités de gestion* auf Ebene der Unterpräfekturen muss verstärkt werden und in Form von Aktionsplänen und Arbeitsberichten nachprüfbar sein;
- vor der Fortsetzungsphase sind auf Ebene aller Projekte zeitlich gegliederte Operationspläne zu erstellen, deren Kohärenz im Hinblick auf die vorgegebenen Programmziele vom Koordinationsbüro zu prüfen ist;
- zur Einrichtung des M&E-Systems ist es erforderlich, die Projektberichte nicht mehr halbjährlich sondern vierteljährlich zu erstellen;
- jede technische Intervention soll ausführlich geplant und dokumentiert werden und ist mit dem Fachberater Technik abzustimmen;
- die Verantwortlichen der Programmbereiche haben Arbeitspläne zu erstellen und untereinander abzustimmen;
- Projektleiter und Counterparts sind in Planungsmethoden auszubilden;
- der Programmteil Sensibilisierung ist besser auszuarbeiten und die Betreuung der Zielgruppen zu verbessern;
- alle Programm- und Projektdokumente sind im Hinblick auf eine

bessere Transparenz und die Übergabe der Projekte in französischer Sprache abzufassen.

Darüber hinaus empfiehlt das Gutachten, die Politik, lokale Fachkräfte als Projektleiter einzusetzen, auf die restlichen Standorte auszudehnen, die hydrogeologischen Arbeiten einem Privatunternehmen zu übertragen, mit welchem bereits in erfolgreicher Weise zusammengearbeitet wurde, sowie zukünftige Entwicklungshelfer statt in Linienfunktionen als Berater in den *Services Régionaux de l'Hydraulique* einzusetzen.

Im Bereich des Sensibilisierung wird ausdrücklich auf die Notwendigkeit hingewiesen, Wasser als limitierte Ressource und damit als ökonomisches Gut im Bewusstsein der Nutzer zu verankern. Die über den Wasserverkauf erzielten Einkommen könnten hierbei nicht nur dem Unterhalt der Brunnen und der Entlohnung der Komitees dienen, sondern auch der Durchführung kleiner, lokaler Entwicklungsvorhaben. Darüber hinaus empfiehlt das Gutachten, die Möglichkeit zu prüfen, ob und in welcher Weise die Umwandlung der Baumannschaften in Kleinunternehmen erfolgen könnte. Begründet wird diese Empfehlung mit der Umsetzung der neuen Sektorpolitik der *Direction de l'Hydraulique*, die unter anderem die Durchführung der technischen Arbeiten durch Unternehmen vorsah und die Feststellung, dass solche Unternehmen im Bereich des Schachtbrunnenbaus – im Gegensatz zum Bau von Bohrbrunnen – nicht existent sind.

## Die Rahmenbedingungen verändern sich (1996–1998)

Eine grundlegende Veränderung der politisch-administrativen Rahmenbedingungen sollte sich für das Brunnenbauprogramm durch die sich abzeichnende Umsetzung der territorialen Verwaltungsreform sowie die neue Sektorpolitik der *Direction de l'Hydraulique* ergeben.

Die Präfektur als Verwaltungsorgan des Départements erhielt durch diese Politik mehr Kompetenzen und Entscheidungsbefugnisse im Hinblick auf die Koordination der verschiedenen Dienste auf Départementsebene, der Gemeindeaufsicht sowie der Gemeindeberatung. Der Präfekt, als oberster Repräsentant des Staates, wurde nach wie vor von der Regierung eingesetzt und war dem Innenminister gegenüber verantwortlich und rechenschaftspflichtig. Das Département sollte dabei weder über eine eigene Rechtspersönlichkeit noch über finanzielle Autonomie verfügen. An die Stelle der bisherigen Unterpräfekturen (67 Unterpräfekturen und zehn Stadtbezirke) sollten selbstverwaltete Gemeinden (communes) mit gewähltem Gemeinderat und Bürgermeister treten. Die Gemeinden werden künftig ausgestattet mit eigenen Kompetenzen, finanzieller Autonomie und Rechtspersönlichkeit. Diese Gemeinden sollen ihrerseits in lokale Verwaltungeinheiten (*unités administratives*) unterteilt sein, das heißt in Arrondissements, Dörfer und Stadtviertel, die weder über Rechtspersönlichkeit noch über eine Finanzautonomie verfügen.

Man musste davon ausgehen, dass diese Veränderung von Aufgaben und Funktionen von Zentralstaat einerseits und autonomer Gemeindeverwaltung andererseits mittelfristig auch die Rahmenbedingungen der Entwicklungszusammenarbeit verändern würde, denn den Gemeinden wurden damit umfangreiche Aufgaben und Kompetenzen zugewiesen. Unter anderem sollten zu ihren zukünftigen Aufgaben der Grundwasserschutz, die Bereitstellung und Verteilung von Trinkwasser, der Unterhalt von Abwasser- und Kanalsystemen, die Abfallbewirtschaftung, der Hochwasserschutz, der Schutz und die Pflege von Grünflächen sowie die Gesundheits- und Hygieneaufklärung gehören. Die Arbeit des Brunnenbauprogramms war von dieser neuen Kompetenzverteilung also unmittelbar betroffen.

Es war jedoch festzustellen, dass die Umsetzung der neuen Gesetzgebung nicht mit dem erforderlichen Engagement vorangetrieben wurde. Nach jahrzehntelanger zentralstaatlicher Verwaltung, aber auch im Hinblick auf eine traditionell hierarchisch aufgebaute Gesellschaft stieß die Vorstellung einer sich selbst verwaltenden Gemeinde noch in vielen Köpfen auf Widerstand und Bedenken. Darüber hinaus waren viele politische und ökonomische Interessen im Spiel. Dem Unbehagen, es handle sich hier um eine von den großen

Gebern und der Weltbank durchgesetzte Reform, wurde offen Ausdruck gegeben.

## Die neue Wasserpolitik

Die Umsetzung der neuen Trinkwasserstrategie sollte über die PADEAR (*Projet de mise en oeuvre de la nouvelle stratégie de développement du secteur de l'alimentation en eau et de l'assainissement en zone rurale*)-Projekte erfolgen, welche mit Unterstützung verschiedener Geber in zunächst sechs der zwölf Départements implementiert wurden:

| | |
|---|---|
| PADEAR Mono | Finanzierung GTZ und KfW |
| PADEAR Ouémé | Finanzierung GTZ und KfW |
| PADEAR Atlantique | Finanzierung Weltbank und DANIDA |
| PADEAR Zou | Finanzierung Weltbank und DANIDA |
| PADEAR Borgou Sud | Finanzierung DANIDA |
| PADEAR Borgou Nord | Finanzierung Coopération belge |

Als Kernelemente des neuen Ansatzes wurden definiert:
- Dekonzentration der Entscheidungsprozesse (*Direction de l'Hydraulique* => *Services Régionaux de l'Hydraulique*);
- finanzielle Beteiligung der Bevölkerung an den Investitionen;
- Reduktion der Bau- und Unterhaltskosten;
- Durchführung der Bauarbeiten über – vorzugsweise lokale – Privatunternehmen.

Dieser neue Ansatz sollte gefördert werden über:
- die Ausschreibung kleiner Baulose, um auch lokalen Unternehmen die Teilnahme am Markt zu ermöglichen;
- die Durchführung der Informations- und Animationsarbeit über lokale NRO;
- die Beteiligung der Bevölkerung in genau festgelegter Höhe an den Baukosten, wobei die Unterhaltskosten vollständig von den Zielgruppen zu tragen sind;
- die Reduzierung auf nur noch zwei Pumpentypen;
- die technische und finanzielle Unterstützung des privaten Sektors (Unternehmen, Bau- und Ingenieurbüros, Experten);

- die Verbesserung der Ausrüstung und Stärkung der Funktionalität der *Services Régionaux de l'Hydraulique*.

Damit schienen zunächst günstige sektorpolitische Rahmenbedingungen gegeben. Festzustellen war indessen auch, dass die *Direction de l'Hydraulique* eine eigenständige Politik de facto aufgegeben hatte, denn die wesentlichen Elemente der neuen Sektorpolitik waren von den großen Gebern festgelegt worden und die *Direction de l'Hydraulique* wurde darüber hinaus verpflichtet dafür Sorge zu tragen, dass alle in den PADEAR-Projektgebieten tätigen Organisationen und Institutionen der vorgegebenen Strategie folgen.

### Die Konsequenzen für das Brunnenbauprogramm

Die angekündigte Territorialreform sowie die neue Sektorpolitik für den Bereich der ländlichen Wasserversorgung bildeten eine mit vielen neuen Fragen und Unwägbarkeiten verbundene Herausforderung für die Arbeit des Brunnenbauprogramms. Wie etwa sollte und konnte man auf die Tatsache reagieren, dass man an einen zentralstaatlichen Träger (*Direction de l'Hydraulique*) gebunden war, die Arbeit nun jedoch zum Aufgabenbereich der Gemeinden gehören sollte? Welche neuen Zusammenarbeitsformen würden sich zwischen den Gemeinden und den zuständigen staatlichen Fachdiensten entwickeln? Welche Konsequenzen konnten sich daraus für zukünftige Planungen ergeben? Welcher Beratungsbedarf würde auf Ebene der Gemeinden entstehen? In welcher Form sollte und konnte das Brunnenbauprogramm einen Beitrag zur Kompetenzsteigerung der Gemeinden im Bereich Trinkwasserversorgung leisten?

Vor diesem Hintergrund, aber auch im Hinblick auf das nahende Ende des Programms, setzte eine intensive Diskussion um die Weiterführung der Maßnahmen durch lokale Strukturen ein. Im November 1996 wurde der Versuch unternommen, die sich abzeichnenden Möglichkeiten planerisch zu erfassen. Folgende Möglichkeiten wurden in diesem Zusammenhang gesehen:

- Anbindung des Programms an die *Direction de l'Hydraulique* und die Außenstellen, die *Services Régionaux de l'Hydraulique*;

- Integration des Programms in die neu zu schaffenden kommunalen Strukturen;
- Überführung der Baubereiche des Programms in kleine, selbständige Privatunternehmen.

Bereits im Laufe des Jahres 1997 zeichnete sich jedoch ab, dass weder eine Anbindung an die *Direction de l'Hydraulique/Services Régionaux de l'Hydraulique* noch an die Gemeinden in Frage kam. Die *Direction de l'Hydraulique* sollte im Rahmen der neuen beninischen Sektorpolitik keine eigenen Projekte mehr durchführen, sondern nur noch die verschiedenen Akteure koordinieren, die Baustandards überwachen und die Inventarisierung aller Wasserstellen gewährleisten. Und es war zu diesem Zeitpunkt ebenfalls abzusehen, dass die erwartete Dezentralisierung der territorialen Verwaltung nicht mehr innerhalb der Projektlaufzeit realisiert werden würde, womit die Integration des Programms in die dezentralen Strukturen als Möglichkeit ausschied. Es galt nun zu überprüfen, ob und wie die Umwandlung der bisherigen Projekte in Kleinunternehmen zu realisieren wäre.

Eine im Auftrag der DWHH im März 1998 durchgeführte Studie zu Privatisierungsmöglichkeiten im Brunnenbauprogramm kam zu dem Ergebnis, dass die Weiterführung der Maßnahmen über Kleinunternehmen und lokale NRO aus wirtschaftlicher und technischer Sicht sinnvoll schien. Es wurde empfohlen, in einer Pilotphase zunächst drei Projekte (Bassila, Kandi und Savalou) in Kleinunternehmen umzuwandeln. Die Begleitmaßnahmen zur Wasserhygiene, dem Unterhalt der Brunnen und ökologische Begleitmaßnahmen sollten – da sie nicht mehr in den Aufgabenbereich der Privatunternehmen gehören konnten – über beninische NRO abgewickelt werden. Es wurde weiterhin empfohlen, die hydrogeologischen Arbeiten im Rahmen eines Dienstleistungsvertrags einem beniner Ingenieurbüro zu übertragen.

## Kleinunternehmen

Der Erwerb der notwendigen Betriebsausstattung durch die Kleinunternehmen sollte im Rahmen von Leih-Kaufverträgen mit einer Laufzeit von drei Jahren geregelt werden. Das Programm verpflichtete sich, die Privatunternehmer durch Ausbildungen im betriebswirtschaftlichen und technischen Bereich auf ihre Aufgaben vorzubereiten und zu betreuen sowie in der Startphase durch eine Mindestanzahl von Brunnenbauaufträgen zu unterstützen. Diese Empfehlungen wurden im Rahmen eines Seminars im Juli 1998 in die Projektplanung aufgenommen.

Eine weitere Evaluierung sollte das Privatisierungsmodell, die Leistungen und Erfahrungen der Kleinunternehmen bewerten und die Möglichkeit prüfen, das praktizierte Modell auch auf die verbleibenden vier Projekte zu übertragen. Der im November 1999 vorliegende Evaluierungsbericht empfahl vor dem Hintergrund der bislang erfolgreichen Arbeit der Kleinunternehmen sowie eines sich positiv entwickelnden Marktes die zügige Übertragung des Privatisierungsmodells auf die verbleibenden Projekte. Der DED und die DWHH nahmen diese Empfehlungen auf und ab Januar 2000 folgte die Privatisierung der vier verbliebenen Standorte Banté, Kalalé, Banikoara und Matéri.

## Hydrogeologie

Die hydrogeologischen Arbeiten wurden 1999 an ein lokales Ingenieurbüro übertragen, mit welchem bereits in der Vergangenheit punktuell und sehr erfolgreich zusammengearbeitet wurde. Die Aufgaben des Ingenieurbüros bezogen sich in erster Linie auf Standortbestimmungen, welche durch die Auswertung von Luftbildern, Geländebegehungen und geo-elektrische Messverfahren erfolgen. Darüber hinaus umfasste der Dienstvertrag Kontrollmessungen bei auftretenden Schwierigkeiten sowie die Inventarisierung aller vom Programm erstellten Brunnen. Selbstverständlich konnten auch die Kleinunternehmen im Rahmen von frei aushandelbaren Dienstleistungsverträgen auf die Unterstützung des Ingenieurbüros zurückgreifen.

### Begleitmaßnahmen

Dem Bereich der begleitenden Maßnahmen (Brunnenunterhalt, Hygieneausbildung, ökologische Begleitmaßnahmen) kam vorrangige Bedeutung zu. Von einer partnerschaftlichen und offenen Weiterarbeit mit den Nutzern hing es letzlich ab, ob die bisherigen Leistungen des Programms dauerhaft gesichert werden konnten. Folgende Modelle wurden in Betracht gezogen und analysiert:

1. Weiterführung der Maßnahmen im Rahmen der *Services Régionaux de l'Hydraulique* bzw. PADEAR-Vorhaben:
   Es erwies sich jedoch, dass die Animationsarbeit im Rahmen der PADEAR-Projekte nicht den Zielvorstellungen des Brunnenbauprogramms entsprach. Die für diese Vorhaben tätigen kleinen, lokalen NRO verfügten weder über die notwendigen fachlichen Kompetenzen im Bereich Wasserhygiene und Brunnenunterhalt noch über ausreichende personelle Ressourcen. Während der laufenden Orientierungsphasen beschränkte sich ihre Arbeit auf die Feststellung des Bedarfs und die Kanalisierung der Anfragen. Animation wurde demnach eher als Akquisitionsinstrument verstanden. Zudem waren ökologische Begleitmaßnahmen (Schutzzonen, Kleinprojekte) nicht vorgesehen. „Umweltaspekte" beschränkten sich hier lediglich auf die Sauberkeit des unmittelbaren Brunnenumfeldes. Damit schien die Integration der Beratungskomponente in den Ansatz der PADEAR-Projekte ausgeschlossen.

2. Gründung einer NRO durch das in den Projekten tätige Animationspersonal:
   Nach ausführlichen Diskussionen mit den Betroffenen musste auch dieser Ansatz als unrealistisch verworfen werden. Die Ausbildungsbemühungen der vergangenen Jahre waren ausschließlich auf den Bereich der ländlichen Trinkwasserversorgung konzentriert worden und schienen für die Funktionsfähigkeit und Entwicklungsperspektive einer NRO nicht breit genug. Auch hätte die räumliche Streuung der Projektstandorte einen zu hohen logistischen, organisatorischen und finanziellen Aufwand erfordert.

3. **Weiterführung der Maßnahmen über lokale NRO:**
Dieser Ansatz schien erfolgversprechend und wurde in der Folge auch umgesetzt. Mitte 1999 konnten die Verträge mit den NRO CERABE *(Centre de recherche et d'action pour le bien-être et la sauvegarde de l'environnement)* in Parakou und OSAP *(Organisation pour la sauvegarde et l'amélioration du patrimoine)* in Natitingou abgeschlossen werden. CERABE betreute die im Nordosten gelegenen Projektstandorte Kalalé, Segbana, Kandi und Banikoara, während die westlich gelegenen Projekte Matéri, Kouandé, Bassila, Banté und Savalou von OSAP betreut wurden.

Beide NRO haben vereinbarungsgemäß die zum Zeitpunkt der Vertragsunterzeichnung für das Programm arbeitenden Animateure und Animatricen unter Vertrag genommen. Für die vakanten Posten in Kouandé und Matéri wurde von OSAP neues Personal eingestellt. Sowohl von OSAP als auch von CERABE wurde jeweils ein Verantwortlicher („*Superviseur*") bestimmt, der in Zusammenarbeit mit der Fachberaterin für die Planung und Kontrolle der Begleitmaßnahmen in den Projektstandorten zuständig ist. An der Auswahl der „*Superviseurs*" war das Koordinationsbüro beteiligt. Sie können vertragsgemäß nicht ohne Zustimmung des Programms durch andere Mitglieder der NRO ersetzt werden. Durch diese Klausel soll die Kontinuität der Arbeit gewährleistet werden.

### Das neue Animationsmodell

Die *Superviseurs* besuchen mindestens einmal pro Monat jede der Projektregionen und betreuen und überwachen die Arbeit der lokalen Animateure/Animatricen. Deren Leistungen werden in monatlich stattfindenden Planungssitzungen mit den Verantwortlichen des Koordinationsbüros beurteilt. Das Beratungspersonal wird kontinuierlich im Rahmen von Schulungen weiterqualifiziert. Schwerpunkte der bisherigen Ausbildungen waren hierbei:
- Arbeiten mit der Methode „GRAAP";
- wassergebundene Krankheiten;
- Einführung in den Gender-Ansatz;

- die Methode „IEC" (*Information, Education, Communication*);
- Techniken der Beratung und der Planungen im dörflichen Umfeld;
- Wasseranalyse.

Kern der ökologischen Maßnahmen war nach wie vor die Einrichtung und Bewirtschaftung einer Schutzzone um die Brunnen. In den Jahren 1997/98 wurde der Versuch unternommen, die Schutzzonen nach hydrogeologischen Gesichtspunkten einzurichten (Wassereinzugsgebiet). Es sollte demnach eine Zone 1 geben, welche das unmittelbare Brunnenumfeld (Brunnen und Umzäunung) umfasste sowie eine mindestens einen Hektar umfassende Zone 2, welche mit dem Wassereinzugsgebiet identisch ist.

Es erwies sich jedoch frühzeitig, dass dieses Vorhaben zu ambitiös war. Zum einen hätten die Flächen vom Hydrogeologen eingemessen werden müssen, zum anderen wäre dadurch eine bedeutende Fläche der agrowirtschaftlichen Nutzung entzogen worden. Der Anspruch wurde zugunsten des bisherigen Modells aufgegeben, das heißt bei der Einrichtung und Bewirtschaftung der Zonen handelt es sich in erster Linie um das Modell eines ökologisch genutzen Raumes, wie dies in der ursprünglichen Konzeption auch vorgesehen war.

Es schien klar, dass der langfristige Unterhalt der Schutzzonen nur dann gesichert werden konnte, wenn es gelingt, deren Bewirtschaftung mit ökonomischen Interessen der Zielgruppe zu verbinden. In einer ersten Phase unterstützte das Programm den Wunsch der Nutzer, vor allem Fruchtbäume anzupflanzen. Der Erfolg blieb allerdings bescheiden. Neben klimatischen und phytosanitären Problemen war festzustellen, dass innerhalb der Nutzergemeinschaften organisatorische Schwächen und Probleme der Nutzungsrechte auftraten, vor allem dort, wo die Brunnen von mehreren Ethnien oder Bevölkerungsgruppen benutzt wurden. Seit 1999 ist man dazu übergegangen, in erster Linie den bereits bestehenden natürlichen Raum zu schützen und zu konservieren. Konkret bedeutet dies:
- keine Tierhaltung;
- das Tränken von Tieren erfolgt in mindestens 50 m Abstand vom Brunnen;

- keine Abfälle;
- keine Brandrodung;
- Schutz der Zonen durch Feuerschneisen;
- die Gemeinde respektiert auf dem gesamten Territorium den öffentlichen Buschfeuer-Kalender;
- landwirtschaftliche Nutzung der Zone unter Verzicht auf Mineraldünger, Pestizide und Insektizide;
- keine Abholzung, aber Sammeln und reglementiertes Schlagen von Brennholz ist möglich;
- auf Wunsch können Futterbäume und Melifere angepflanzt werden.

Als begleitende Maßnahmen wird den Zielgruppen Unterstützung angeboten in den Bereichen:
- Anlegen eines Gartens für Medizinalpflanzen;
- Ausbildung von Baumschulern;
- Ausbildung im Bau verbesserter Feuerstellen;
- Ausbildung in Bienenhaltung.

Über einen Zeitraum von zwei Jahren findet eine intensive und regelmäßige Betreuung der Brunnen und Schutzzonen statt, welche jünger als zwei Jahre sind *(puits à suivi regulier)*. Es handelt sich hierbei um durchschnittlich sieben Brunnen pro Standort (insgesamt 62 Brunnen). Die Erfahrung der vergangenen Jahre hatte gezeigt, dass die Betreuung aller in den Projektregionen gebauten Brunnen mit den vorhandenen Personalressourcen nahezu ausgeschlossen ist. Im Sinne effizienter Arbeit wurde von diesem Vorhaben Abstand genommen und der Schwerpunkt auf die Qualität der Betreuung gelegt.

Die Arbeiten in der jährlichen Abfolge werden partizipativ mit den Dörflern geplant. Die Komitees dieser Brunnen (fünf Personen, davon mindestens zwei Frauen) werden zwei Mal pro Woche von den Animateuren besucht. Das Ende dieser intensiven Nachbetreuungsphase wird durch einen offiziellen Akt der Übergabe mit den Dörflern gekennzeichnet, wobei gleichzeitig ein Inventar (Zustand des Brunnens und der Schutzzone) aufgenommen wird. Danach erfolgen die Besuche der Animateure in größeren Abständen, wobei nicht nur die Entwicklung kontrolliert wird, sondern gegebenenfalls auch nochmals Ausbildungen organisiert werden können.

## Wasserverkauf

Der offiziellen Politik der *Direction de l'Hydraulique* folgend, ist das Brunnenbauprogramm in jüngster Zeit dazu übergegangen, im Rahmen des finanziellen Beitrags zum Bau eines Brunnens die Einrichtung von Unterhaltskassen zu propagieren. Nur wenn es gelingt, Wasser als wirtschaftliches Gut im Bewußtsein der Bevölkerung zu verankern, kann eine langfristige Wasserversorgung gesichert werden. Es bleibt hierbei den Nutzern überlassen, ob die Alimentierung der Kasse über den Wasserverkauf oder über punktuelle Sammlungen erfolgt.

Neben traditionellen Vorbehalten, die Wasser als von den Göttern gegebenes und damit freies Gut betrachten, ergeben sich hier allerdings häufig auch geschlechterspezifische Interessenkonflikte. Die Wasserversorgung der Familie war und ist nach wie vor Aufgabe der Frauen. Die Hilfe der Männer erfolgt nur bei der Installation der Versorgungseinrichtung oder punktuell während der Trockenzeit, wenn die Versorgung schwierig wird. Damit ist klar, dass der Wasserverkauf am Brunnen oder an der Pumpe ausschließlich zu Lasten der Frauen gehen würde, und dass sich daher Widerstände gegen diese Art von Verkaufssystemen entwickeln. Die Frauen bevorzugen es, den Bau und vor allem den Unterhalt der Brunnen über punktuelle oder systematische Sammlungen abzusichern, da hier auch die Männer beteiligt sind. Zumeist werden diese Sammlungen nach einem Kompensationssystem durchgeführt, das heißt in aller Diskretion geben die Reichen etwas mehr, die Armen weniger. Trotz dieser Schwierigkeiten verfügen derzeit ca. 60 Prozent der intensiv betreuten Brunnen über Kassen mit einem durchschnittlichen Bestand von 27.500 FCFA. Damit scheint ein erster wichtiger Schritt geleistet.

## Das Zusammenspiel der Akteure und die Rolle der Unterpräfektur

Der Bau von Brunnen im Rahmen und mit Mitteln des Programms, das heißt der Bau von jährlich mindestens zwei Brunnen an jedem Standort erfolgt nach wie vor im Rahmen der Kooperationsabkommen mit den Unterpräfekturen, auch wenn die technische Ausführung nunmehr Privatunternehmen übertragen wurde. Konkret bedeutet dies, dass die Unterpräfekturen über die Anfragen informiert werden und in ihrer politisch-administrativen Verantwortung sowohl die Bauverträge zwischen Dorf und Programm als auch die Veträge zur Einrichtung und Bewirtschaftung der Schutzzonen mit unterzeichnen. Insbesondere gehört es zu den Aufgaben der Unterpräfektur, folgende Punkte sicherzustellen:
- Bei dem für den Bau des Brunnens festgelegten Standort handelt es sich um ein öffentliches Grundstück.
- Das Grundstück kann nicht in Privateigentum überführt werden.
- Alle Bevölkerungsteile haben Zugang zu dem Grundstück.
- Das Grundstück ist kein Objekt anderer Infrastruktur-Planungen (Straßenbau zum Beispiel).

## Kleinunternehmen Schachtbrunnenbau (1998–2000)

Die Umwandlung der Baubrigaden in kleine, auf Schachtbrunnenbau spezialisierte Unternehmen war von kontroversen Diskussionen begleitet. Es erforderte Überwindung und Mut, die bislang wohlbehütete Welt der Projektarbeit mit ihrer jahrzehntelang gepflegten Logik von „Aufbau und Übergabe" nun dem Wettbewerb auszusetzen. Es setzte sich nach harten Auseinandersetzungen – auch zwischen den zuständigen Mitarbeitern der Zentralen von DED und DWHH – jedoch die Einsicht durch, dass dieser Weg ohne Alternative war und - sollte er erfolgreich zu Ende geführt werden - darin auch ein folgerichtiger und beispielhafter Abschluss der langjährigen Programmarbeit gesehen werden kann. Der Prozess der Privatisierung und die Gründung der Kleinunternehmen wurde mit großer

Sorgfalt vorbereitet und soll hier daher etwas ausführlicher dargestellt werden.

Im Rahmen der oben bereits zitierten Studie zur Privatisierung galt es zunächst, in Zusammenarbeit mit den lokalen Trägerstrukturen, dem Projektpersonal und den lokalen Fachkräften zu untersuchen, ob die gegebenen finanziellen, sektorpolitischen und marktwirtschaftlichen Rahmenbedingungen eine Privatisierung der Brunnenbaumannschaften bis zum Ende der Förderphase (1997-2000) erlauben. Neben diesen sozusagen objektiven und nachprüfbaren Daten ging es jedoch auch darum, die sozialen, kulturellen und auch psychologischen Implikationen des Vorhabens abzuschätzen.

Es konnte zunächst festgestellt werden, dass die Umsetzung der neuen staatlichen Sektorpolitik über die PADEAR-Vorhaben mit einigen Mängeln behaftet war. So wurden die im Zuge der Dekonzentration neu definierten Entscheidungskompetenzen zwischen *Direction de l'Hydraulique* und *Services Régionaux de l'Hydraulique* nicht oder nur schleppend umgesetzt. Die Übertragung neuer Kompetenzen von oben nach unten verlief nur mit großen Reibungsverlusten und wurde im Übrigen von beiden Seiten beklagt. Darüber hinaus kam es zu einer in rechtlicher Hinsicht äußerst problematischen Vermischung von Durchführungs- und Aufsichtsaufgaben, denn die *Direction de l'Hydraulique/Services Régionaux de l'Hydraulique* vergaben im Rahmen der PADEAR-Vorhaben Verträge, die laut der neuen gesetzlichen Regelung zum Zuständigkeitsbereich der Gemeinden gehörten. Damit unterstützte das Vorhaben nach wie vor staatliche Strukturen, deren Verantwortungsbereich im Rahmen der Dezentralisierung entschieden beschnitten werden sollte. Die für eine effiziente Wasserbewirtschaftung notwendige Zuordnung von Zuständigkeiten erfolgte bislang nur in der Weise, dass Erschließungsaufgaben im Rahmen der neuen Strategie an Privatunternehmen übertragen werden sollen. Eine gesetzliche Regelung hoheitlicher Aufgaben, wie zum Beispiel Wassernutzungsrechte und Gewässerschutz, erfolgte jedoch nicht.

## Die Märkte

Mit der Umsetzung der neuen Sektorpolitik für die ländliche Trinkwasserversorgung schienen günstige wirtschaftliche Rahmenbedingungen zur Entwicklung von kleinen und mittleren Unternehmen gegeben. Es zeichnete sich nicht nur ein gewinnversprechendes Marktsegment im Bereich des Schachtbrunnenbaus ab, sondern Kleinunternehmen sollten im Rahmen des Vorhabens auch gezielt gefördert werden.

Im Zeitraum von 1993 bis 1998 im Département Borgou durchgeführte vorbereitende Studien hatten ergeben, dass seit Beginn der 80er Jahre für eine Bevölkerung von nahezu 2 Mio. Einwohnern ungefähr 4.180 Wasserstellen (vorwiegend Pumpen und Schachtbrunnen) realisiert worden waren. Mit einer Deckungsrate von unter 50 Prozent ist – wie in den einleitenden Kapiteln ausführlicher dargestellt – weiterhin ein hoher Bedarf an Wasserversorgungseinrichtungen gegeben. Von den Verantwortlichen der *Services Régionaux de l'Hydraulique* Atlantique, Borgou und Zou wurde die Nachfrage auf ca. 550 Schachtbrunnen und weit über 100 Rehabilitierungen beziffert. Bei diesen Angaben war indessen Vorsicht geboten, denn es handelte sich nicht um Anfragen sondern um eine Bedarfsermittlung der PADEAR/*Services Régionaux de l'Hydraulique*, bei welcher ganz eindeutig das politische Interesse zu erkennen war, hohe Bedarfsraten auszuweisen, um damit das Vorhaben zu rechtfertigen und große Geber für die Finanzierungen zu gewinnen. Es war davon auszugehen, dass die Zahl der tatsächlichen Anfragen deutlich darunter liegen würde. Dennoch zeichnete sich hier ein großes Auftragsvolumen ab, welchem eine nur geringe Zahl von spezialisierten Kleinunternehmen gegenüber stand.

Obwohl sich die *Direction de l'Hydraulique* verpflichtete, in den Projektgebieten der PADEAR-Projekte darauf hinzuwirken, dass alle Akteure der neuen Strategie folgen, sollte die bisherige Arbeit der NRO von diesem neuen Ansatz unberührt bleiben. Das heißt, dass es außerhalb der PADEAR-Vorhaben nach wie vor frei aushandelbare Verträge zwischen Dörfern und Projekten/Privatunternehmen geben konnte, unabhängig davon, ob die NRO die Arbeiten mit eigenen

Baumannschaften oder über Privatunternehmen abwickeln. Auch hier zeichnete sich ein potenzieller Markt ab. Die Entwicklung der Auftragslage der Jungunternehmen bis Ende 2000 bestätigte diese Analyse. Auftraggeber waren in erster Linie die PADEAR-Vorhaben sowie internationale NRO. Darüber hinaus ist jedes der Unternehmen aber bereits auch im Auftrag von Dörfern tätig geworden, welche den Bau eines Brunnens ohne jede finanzielle Unterstützung von außen unternommen haben.

## Auftragsvergabe

Die im Auftrag von Dörfern, Privatpersonen oder NRO durchgeführten Arbeiten sind bislang keinerlei formalen Auflagen unterworfen. In der Regel erfolgen technische Vorgaben über Ingenieurbüros oder werden von den Organisationen vorgegeben, und die Verträge sind auf dieser Basis frei aushandelbar.

Im Gegensatz dazu ist die Teilnahme an Ausschreibungen der PADEAR-Projekte einer ganzen Reihe von Auflagen unterworfen, die, zumal für Kleinunternehmen, nicht leicht zu erfüllen sind und seitens des Programms große Beratungs- und Ausbildungsanstrengungen erforderten. Die Unternehmen müssen unter anderem folgende Nachweise erbringen:

- Nachweis über juristische Form des Unternehmens und finanzielle Kapazität;
- Nachweis der Konformität mit der beniner Gesetzgebung;
- Nachweis einer Berufsversicherung (Personen- und Sachversicherung);
- Nachweis über Art und Umfang der Bautätigkeiten innerhalb der letzten drei Jahre;
- eine detaillierte Auflistung der Maschinenausstattung und des Personals;
- eine Liste über Art und Herkunft der vorgesehenen Baumaterialien;
- eine detaillierte Arbeits- und Personalplanung.

Die *Services Régionaux de l'Hydraulique* sind nunmehr berechtigt, Ausschreibungen bis zur Höhe von 30 Mio. FCFA selbständig durchzuführen. Größere Auftragsvolumen werden über die *Direction de l'Hydraulique* abgewickelt. Die Vergabe der Aufträge erfolgt in kleinen Losen von fünf bis zehn Brunnen nach standardisierten, öffentlichen Ausschreibungen.

Das Regelwerk umfasst bis zu 150 Seiten! Die rigiden, von den Gebern geforderten Auflagen stoßen zunehmend auf Kritik seitens der Verantwortlichen der *Direction de l'Hydraulique* und der *Services Régionaux de l'Hydraulique*. Die Kleinunternehmen, deren Förderung ja als eines der Teilziele des Vorhabens formuliert wurde, sind kaum in der Lage, die administrativen Anforderungen zu erfüllen. Darüber hinaus ist auch festzustellen, dass politische und wirtschaftliche Interessen der Geber den Marktzugang für Kleinunternehmen erschweren können. So zum Beispiel, wenn die Verwendung bestimmter Materialien, die Einbeziehung ausländischer Ingenieurbüros oder aber überzogene und unrealistische technische Vorgaben an die Finanzierungen geknüpft sind.

Erhält ein Unternehmen den Zuschlag, muss eine Kaution von 1 Mio. FCFA pro Baulos hinterlegt werden. Mit dem Zertifikat des Zuschlags durch die *Direction de l'Hydraulique/Services Régionaux de l'Hydraulique* sind die Banken in der Regel bereit, einen Kredit für die Kautionssumme zu gewähren. Die Garantiefristen für die ausgeführten Arbeiten liegen zwischen zwölf und 24 Monaten. Innerhalb dieses Zeitraums, das heißt bis zur endgültigen Bauabnahme durch die *Direction de l'Hydraulique/Services Régionaux de l'Hydraulique*, sind Nachbesserungsarbeiten kostenneutral vom Unternehmen durchzuführen.

### Auswahl der Unternehmer

Im Vorfeld der Unternehmensgründung wurde die Regelung getroffen, dass prinzipell jedem der sieben Projektleiter die Möglichkeit offen stand, einen der drei ausgewählten Projektplätze als Unternehmer zu übernehmen. Dies um Chancengleichheit zu gewähren aber auch, um die aktuellen Stelleninhaber nicht unter Druck zu setzen, da das Investitionsrisiko für die Jungunternehmen doch recht erheblich war. Da insgesamt vier Bewerbungen eingingen, wurde eine Evaluierung unter Leitung eines unabhängigen togoischen Experten durchgeführt. Auf der Grundlage dieser Evaluierung wurde dann entschieden, die Projekte Bassila und Kandi mit den dort bereits tätigen beninischen Projektchefs ab Januar 1999 zu privatisieren. Der Projektplatz Savalou stand nicht mehr zur Disposition.

## Ausbildung und Beratung

Bereits in ihrer Funktion als Projektleiter hatten die Mitarbeiter an Ausbildungen in den Bereichen Projektleitung, Technik und Sicherheit, Informatik teilgenommen. Nun galt es jedoch, sie intensiv auf ihre zukünftige Rolle als Unternehmer vorzubereiten.

Zusammen mit dem *„Institut Supérieur Panafricain d'Economie Coopérative"* wurde im ersten Halbjahr 1999 eine insgesamt zehnwöchige Ausbildungsserie für die zwei Jungunternehmer und die vier verbleibenden Projektleiter organisiert, die aus sechs Modulen bestand:
- Unternehmertum;
- Unternehmensmanagement;
- Buchführung (mit PC);
- Marketing;
- Bau- und Maschinentechnik;
- Materialverwaltung (Lagerhaltung).

Im Anschluss an die Ausbildungsserie erarbeitete jeder der Teilnehmer einen Unternehmensplan für sein bereits bestehendes bzw. zu gründendes Unternehmen.

## Unternehmertum in Benin

Trotz positiver Eckdaten hängt der Erfolg einer Privatisierung stets auch von sozialen, kulturellen und psychologischen Faktoren ab, die sich planerischer Erfassung weitgehend entziehen und damit auch kaum steuer- und beeinflussbar sind. Es gibt in Benin zwar eine sehr große Zahl von Kleingewerbe- und Handwerksbetrieben, diese sind jedoch zum überwiegenden Teil dem informellen Sektor zuzurechnen. Die meisten dieser Ein-Mann/Frau-Betriebe sind noch sehr jung. 1992 waren 37 Prozent nicht älter als ein Jahr. Fast die Hälfte der Unternehmer im informellen Sektor hat keine Schulausbildung. Wirkliches Unternehmertum hat in der traditionell hierarchisch gegliederten Gesellschaft Benins keine Wurzeln. Erfolg versprach bislang nur der Weg, über Schul- und Hochschulausbildung eine Beamtenstelle im weitläufigen Staatsapparat zu erlangen. Über diese kulturelle Prägung wurden Privatinitiative und unternehmerischer Geist weitgehend unterdrückt. Für das wirtschaftliche Überleben der Brunnenbau-Kleinunternehmen wird es deshalb entscheidend sein, ob und in welcher Weise es den Unternehmern gelingt, sozialem und familiärem Einfluss und Druck Stand zu halten und sich bei der Leitung der Betriebe an rein betriebswirtschaftlichen Kriterien zu orientieren.

Die Vergabe der Märkte erfolgt in Benin - wie auch anderswo - oftmals „eigenen Kriterien". Trotz der formalen Transparenz der Ausschreibungsverfahren bestehen Grauzonen, in welchen Beziehungen wichtiger sind als fachliche Kompetenz und im Rahmen derer nicht etwa über „*cadeaux*" sondern ganz konkret über Prozentzahlen diskutiert wird. Große Baufirmen zögern in der Regel nicht, beachtliche Summen für diese Zwecke bereitzustellen. Auch auf Ebene der lokalen Verwaltungsstrukturen ist damit zu rechnen, dass eine reibungslose Zusammenarbeit nur dann möglich ist, wenn die „Interessen" der Beamtenschaft zufriedengestellt werden. Es bleibt den beniner Kollegen überlassen, die Regeln dieses Marktes zu analysieren und für sich nutzbar zu machen.

### Unternehmensform

Für die erste doch mit hohen Risiken behaftete Phase entschieden sich die Unternehmer für die einfachste Unternehmensform, das *Entreprise Individuelle* (*Etablissement*). Ein einzelner Unternehmer ist hierbei frei, in Handel, Handwerk, Industrie oder Landwirtschaft seine unternehmerischen Aktivitäten auszuüben. Ein Gründungskapital ist nicht erforderlich. Der Unternehmer haftet allerdings sowohl mit seinem Betriebs- als auch mit seinem Privatvermögen.

Die mit der Gründung verbundenen Formalitäten sind relativ einfach und können zentral im *Centre de Formalités des Entreprises* oder bei der Industrie- und Handelskammer (*Chambre de Commerce et d'Industrie du Bénin*) geregelt werden. Es handelt sich im Einzelnen um folgende Formalitäten:
- schriftliche Erklärung der Unternehmensgründung;
- Eintragung in das Handelsregister;
- Veröffentlichung im Handelsblatt;
- Einschreibung und Beitragszahlung bei der *Office Béninoise de Sécurité Sociale*;
- Einschreibung bei der Industrie- und Handelskammer;
- jährliche Beitragszahlung an die Industrie- und Handelskammer.

Die Größe des Betriebs richtet sich sowohl nach dem zu erwartenden Arbeitsvolumen als auch der vorhandenen Maschinenausstattung. Entscheidend ist es, die Fixkosten des Unternehmens im Verhältnis zu dem zu erwartenden Auftragsvolumen so niedrig wie möglich zu halten, um - vor allem in der Anfangsphase - auch Dürreperioden überstehen zu können. Im Personalbereich bedeutet dies, die Baumannschaften nicht anzustellen, sondern als Subunternehmer zu bezahlen. Im Maschinenbereich ist eine Beschränkung auf einen kleinen, aber funktionellen Maschinenpark erforderlich. Zusätzliche Maschinen können von Fall zu Fall gemietet werden, zum Beispiel zusätzliche Kompressoren am Ende der Trockenzeit, um alle Wasserfassungen gleichzeitig zu erledigen. Dies erfordert selbstverständlich eine gute Organisation der Baustellen sowie effiziente Arbeitsabläufe.

Nach einer Konsolidierungsphase wäre die Umwandlung der Kleinunternehmen in Gesellschaften mit beschränkter Haftung sicherlich mit Vorteilen verbunden. In erster Linie ergäbe sich dadurch die Möglichkeit, das Finanzvolumen über die Einbeziehung von Teilhabern zu erweitern und damit die Möglichkeit, größere Märkte zu erschließen. Darüber hinaus ist die Kreditwürdigkeit und Seriosität einer Gesellschaft mit beschränkter Haftung sicherlich allen Auftraggebern gegenüber von Vorteil.

## Investitionskosten

Ausgehend von einem jährlichen Arbeitsvolumen von 200 linearen Metern und dem Einsatz von vier Baumannschaften ist folgende Grundausstattung erforderlich:

| Maschinen / Werkzeuge | Menge | Neupreise Benin in FCFA FCFA 1998 |
|---|---|---|
| Kompressor (2300l/min/7bar) | 2 | 14.000.000 |
| Pumpen (200l/50m/min) | 3 | 4.500.000 |
| Presslufthammer (40kg) | 1 | 900.000 |
| Presslufthammer (25kg) | 2 | 1.800.000 |
| Bohrhammer (15kg) | 1 | 1.000.000 |
| Luftschläuche (Ø19mm/15m) | 8 | 600.000 |
| Öler (0,5l) | 2 | 200.000 |
| Betonrüttler (35mm) | 2 | 1.800.000 |
| Wasserschläuche (Ø 22mm/20m) | 8 | 600.000 |
| Gleitschalungen (1,40m) | 4 | 620.000 |
| Gleitschalungen (1,60m) | 4 | 740.000 |
| Schalung für Ringe (1,00m/1,20m) | 1 | 165.000 |
| Schalung für Ringe (1,40m/1,60m) | 1 | 300.000 |
| Schalung für Schneidschuh (1,00m/1,30m) | 1 | 255.000 |
| Schalung für Schneidschuh (1,40m/1,70m) | 1 | 335.000 |
| Schalung für Brunnenrand (1,80m) | 1 | 370.000 |
| Schalung für Brunnenrand (2,20m) | 1 | 480.000 |
| Schalung für Brunnenplatte | 1 | 350.000 |
| Dreibock | 2 | 600.000 |
| Handwinde (1t) | 2 | 1.600.000 |
| Handwinde einfach | 4 | 400.000 |
| Bohrmeißel und Kleinmaterial | | 1.675.000 |
| *Zwischensumme* | | *30.290.000* |
| Baustellenfahrzeug (Pick-up 2x4) | 1 | 13.150.000 |
| Büroausstattung | 1 | 2.000.000 |
| **Gesamtsumme** | | **45.440.000** |

Diese Grundausstattung konnten die Unternehmer über Leihkaufverträge aus dem Maschinenbestand des Brunnenbauprogramms übernehmen. Dabei war es ihnen frei gestellt, sich für neuwertige oder ältere Maschinen zu entscheiden, deren Wiederverkaufswert zuvor vom Programm detailliert festgelegt wurde. Im einen wie im anderen Fall handelt es sich um bedeutende Investitionssummen, welche über ein festgelegtes Ratensystem über einen Zeitraum von drei Jahren hinweg zurückbezahlt werden müssen. In der Regel entschieden sie sich für gutes Material und haben damit einen ganz entscheidenden Vorteil gegenüber anderen Bewerbern.

### Risiken

Zum jetzigen Zeitpunkt kann festgestellt werden, dass die Umwandlung der Projekte in Privatunternehmen sehr umsichtig vorbereitet und umgesetzt wurde. Es zeichnen sich günstige Entwicklungen der Unternehmen ab, wenn es auch noch zu früh ist, definitive Prognosen zu stellen. Die Rahmenbedingungen waren günstig, der Markt wurde richtig eingeschätzt, Schwächen und Mängel versuchte man durch intensive Ausbildung und Vorbereitung der Jungunternehmer auszugleichen.

Laut ersten Erfahrungen der Jungunternehmer hat der vielversprechende *Services Régionaux de l'Hydraulique*/PADEAR–Markt aber auch eine Vielzahl von unseriösen Unternehmen angelockt, welche weder über das erforderliche Know-how verfügen noch über die notwendige materielle und personelle Ausstattung. Trotz der formalen und rigorosen Ausschreibungsbedingungen erfolgt die Vertragsvergabe häufig ausschließlich auf der Basis der Angebotspreise. Die Solidität der Unternehmen wird kaum überprüft. In mehreren Fällen ist es bereits vorgekommen, dass Unternehmen den Zuschlag erhielten, welche in jeder Hinsicht außer Stande waren, die Arbeiten durchzuführen und diese an Subunternehmen zu übertragen versuchten. Man kann jedoch davon ausgehen, dass diese Politik langfristig keinen Bestand hat und sich qualitativ gute Arbeit durchsetzen wird.

Im Juli 2000 waren an insgesamt sechs Standorten Brunnenbau-Kleinunternehmen tätig. Zwar scheint es noch verfrüht, die Leistungsfähigkeit der Jungunternehmen zu analysieren, dennoch lassen sich bereits heute Tendenzen erkennen, die in der Folge näher beschrieben werden sollen.

## ESPERANCE 2001, Djougou

Dieses Unternehmen kann als Musterbeispiel für die erfolgreich umgesetzte Privatisierung gelten. Sowohl auf dem Gebiet Technik/Bau als auch im Bereich der Planung und betriebswirtschaftlicher Fragen leistet es ausgesprochen erfolgreiche Arbeit. Der Unternehmer hat es innerhalb kurzer Zeit verstanden, eine sehr große Zahl von Aufträgen zu akquirieren. Es war allerdings festzustellen, dass aus Zeit- und Personalmangel die im Auftrag des Brunnenbauprogramms ausgeführten Brunnen gewisse bauliche Mängel aufwiesen, welche jedoch nach Anmahnung unverzüglich nachgebessert wurden.

Man kann davon ausgehen, dass das Unternehmen die Anfangshürden bereits gemeistert hat. Die Auftragslage ist so gut, dass ein Teil der bereits akquirierten Aufträge an andere Unternehmer abgegeben wurde. In einer Arbeitsgemeinschaft mit GENIE-LABEL (siehe unten) hat er sich für ein Los von 15 Brunnen im Atakora beworben. Darüber hinaus ist das Unternehmen vor allem in der Regenzeit auch im Hochbau tätig.

*Insgesamt ein gut strukturiertes, erfolgreiches Unternehmen mit solider finanzieller Basis. Die Fristen für die Rückzahlung des Leih-Kaufvertrages für die Maschinen wurden eingehalten.*

## GENIE 3, Kandi

Das Unternehmen wies schon unmittelbar nach der Gründung eklatante Schwächen in Bezug auf Technik, Bau und Maschinenpflege auf. Trotz mehrmaliger Aussprachen und Empfehlungen seitens der Programmverantwortlichen waren keine Fortschritte oder Bemühungen erkennbar, die Missstände abzustellen. Auch wurden wichtige Sicherheitsvorkehrungen beim Bau nicht berücksichtigt. Im Verlauf nur eines Jahres befand sich der Maschinenpark in solch desolatem Zustand, dass die Arbeiten zeitweilig eingestellt werden mussten.

Wegen ausstehender Zahlungen eines Auftraggebers wurden keine Gehaltszahlungen mehr durchgeführt. Allerdings zeigte der Unternehmer bei der Akquisition von Aufträgen ein gutes Gespür und auch Erfolg.

Um das Überleben der Firma zu sichern, wurde in einer gemeinsamen Besprechung mit den Verantwortlichen des Programms angeregt, die Verantwortlichkeiten innerhalb der Firma neu zu definieren. Den Bereich Technik/Bau/Maschinen übernahm nun sein ehemaliger Polier, während der Bereich Buchhaltung und Akquisition vom Unternehmer weiter geführt wird. Für jeden Bereich trägt der Einzelne die volle Verantwortung. Bis dato hat sich das neue System bewährt und das Unternehmen ist, nach Beendigung dieser Bausaison, aus den roten Zahlen.

Die nachstehend beschriebenen Unternehmen arbeiten seit Januar 2000 selbständig, die offiziellen Unternehmensgründungen erfolgten jedoch erst im Juli 2000. Trotz der zeitlich begrenzten Erfahrungen lässt die nachfolgende Einschätzung doch wichtige Entwicklungslinien erkennen.

ABEILLES-Construction, Banté
Die Stärken des Unternehmers liegen im theoretisch-planerischen Bereich, die Umsetzung ist bislang jedoch noch mangelhaft. Große Schwächen sind im Bereich der Maschinen- und Werkzeugwartung festzustellen mit der Folge teurer Ersatzteilbeschaffungen. Auch im technischen Bereich sind noch Mängel festzustellen: so musste in der ersten Bausaison eine komplette Wasserfassung ausgebaut und erneuert werden.

ABC-Construction, Kalalé
Der Unternehmer hat bereits eine Ausschreibung der *Services Régionaux de l'Hydraulique* für die nächste Bausaison gewonnen. Darüber hinaus wurden zwei Brunnen für private Auftraggeber erstellt. Seine Leistungen sind in Theorie und Praxis ausgeglichen. Er hat seit der Privatisierung viel Eigeninitiative und Motivation entwik-

kelt und arbeitet mittlerweile auch im Hochbau. Bei der Brunnenabnahme sind jedoch einige Mängel zu Tage getreten (zum Beispiel Nichtbeachtung der Planungsunterlagen für den Brunnenkopf). Diese werden auf seine Kosten nachgebessert.

GENIE-LABEL, Matéri
Das stärkste der sechs Unternehmen im Bereich Bau und Technik sowie der Maschinenpflege und Gerätewartung. Schwächen ergeben sich eher im Bereich der Planung und in betriebswirtschaftlichen Fragen sowie im Berichtswesen, bei Ausschreibungen und Kostenvoranschlägen. Diese Schwächen werden bislang allerdings durch eine fruchtbare Zusammenarbeit mit der Firma ESPERANCE 2001 ausgeglichen.

Die für den Projektstandort Savalou vorgesehene Privatisierung konnte nicht durchgeführt werden, da der Projektleiter wegen nachgewiesener Veruntreuung von Projektmitteln entlassen werden musste. Von einer Neubesetzung wurde abgesehen, da man davon ausgehen konnte, dass die Unterpräfektur Savalou auch vom nahe gelegenen Banté aus betreut werden konnte.

In Banikoara erlitt der Unternehmer nur zwei Monate nach der offiziellen Unternehmensgründung im August 2000 tödliche Verletzungen bei einem Verkehrsunfall. Auch hier geht man davon aus, dass die Region durch das in Kandi ansässige Unternehmen abgedeckt werden kann.

Für die verbleibenden Standorte Kouandé und Segbana war bereits in der Studie von 1998 darauf hingewiesen worden, dass die spezifische Lage der Projekte sowie ein voraussichtlich nur geringes Bauaufkommen eine Privatisierung kaum möglich erscheinen lassen.

Insgesamt kann man also davon ausgehen, dass die sechs Kleinunternehmen in Erfolg versprechender Weise auf den Weg gebracht wurden. Die festzustellenden Mängel sollte man nicht überbewerten. Sie können wohl mit Unterstützung des Programms korrigiert werden. Der abrupte Wechsel von der unselbständigen Tätigkeit im

Rahmen des Programms zu freiem Unternehmertum und damit verbundener umfassender Verantwortlichkeit lässt es logisch erscheinen, dass in der Anfangsphase Schwierigkeiten auftreten. In Übereinstimmung mit der Einschätzung der Programmverantwortlichen ist davon auszugehen, dass drei bis vier der Unternehmen langfristig überleben werden. Darin wäre durchaus ein erfolgreicher Abschluss des Brunnenbauprogramms zu sehen.

## Die Nachbetreuungsphase (2000–2002)

Die Durchführung einer ausreichend langen Nachbetreuungsphase von zwei Jahren ist ein Gebot der Vernuft und rechtfertigt sich bereits durch den hohen Personal- und Mitteleinsatz während der überaus langen Laufzeit des Programms. Es wäre fahrlässig davon auszugehen, dass eine wirtschaftliche und strukturelle Konsolidierung der Kleinunternehmen innerhalb eines Zeitraums von nur wenigen Monaten erreicht werden könnte. Trotz der umfassenden Ausbildung der Jungunternehmer vor der Gründung der Kleinunternehmen ist in dieser Phase sicherzustellen, dass über Beratung und punktuelle Hilfestellungen, zum Beispiel bei der Akquisition von Aufträgen aus dem NRO- oder Privatbereich optimale Voraussetzungen für ihr ökonomisches Überleben geschaffen werden. Darüber hinaus wird jedem Unternehmen vertraglich der Bau von zwei Brunnen pro Jahr aus Mitteln des Programms zugesichert.

Was die langfristige technische Leistungsfähigkeit der Kleinunternehmen betrifft, gilt es allerdings in dieser Phase auch ein scheinbar untergeordnetes Problem zu lösen, das nämlich der Ersatzteilversorgung. Die Tatsache, dass sich die Unternehmer bei ihren Leihkäufen vorausschauend für relativ neue Maschinen und Werkzeuge entschieden haben und das Programm nach wie vor über ein gut bestücktes Ersatzteillager verfügt, über welches sich die Unternehmer derzeit - zu Marktpreisen - versorgen können, darf nicht darüber hinwegtäuschen, dass hier mittelfristig Engpässe auftreten könnten. Hier werden zur Zeit zwei Optionen geprüft. Einmal die Gründung einer

Kooperative durch die Jungunternehmer, welche das Ersatzteillager des Programms übernimmt und damit die Möglichkeit hätte, einen Maschinenring aufzubauen und preisgünstigere Sammelbestellungen in Europa zu organisieren, oder aber die Abwicklung der Ersatzteilfrage über einen Privatunternehmer. Beide Möglichkeiten werden zur Zeit intensiv geprüft.

Begleitende Maßnahmen in den Bereichen Brunnenunterhalt, Wasserhygiene und Ökologie werden in der Nachbetreuungsphase auf der Grundlage gemeinsamer Planungen selbständig von den beiden lokalen NRO weitergeführt. Die Stelle der Fachberaterin wurde mit dem Vertragsende der Entwicklungshelferin im Dezember 2000 aufgelöst. Aufgabe des Koordinators wird es sein, über ein hierfür entwickeltes M&E-Instrumentarium die Realisierung der Planungen zu überwachen.

Sollte es wider Erwarten doch noch zu einer Umsetzung der lange angekündigten Territorialreform kommen, wird es notwendig sein, neue Kooperationsverträge mit den Gemeinden als Rechtsnachfolger der Unterpräfekturen abzuschließen.

Der Vertrag des letzten im Brunnenbauprogramm tätigen Entwicklungshelfers (Technikberater) wurde im August 2001 beendet. Die Abwicklung der Nachbetreuungsphase erfolgt durch einen Auslandsmitarbeiter der DWHH. Das für den DED Benin in personeller Hinsicht einst wichtigste Programm mit einem Personaleinsatz von insgesamt über siebzig Entwicklungshelfern fand damit seinen Abschluss.

# ZUSAMMENFASSUNG

Das Brunnenbauprogramm Benin hat in seiner nahezu dreißigjährigen Laufzeit einen beispielhaften Status innerhalb der weltweiten Vorhaben des Deutschen Entwicklungsdienstes und der Deutschen Welthungerhilfe erlangt. An seinem Werdegang zeigt sich exemplarisch der Ideologiewandel der Entwicklungszusammenarbeit im Verlauf von drei Jahrzehnten und die Fähigkeit der Beteiligten und Verantwortlichen auf sich wandelnde Arbeitsbedingungen und Herausforderungen flexibel zu reagieren. Betrachtet man die Geberseite, so hat sich hier die Kooperation einer staatlichen Entwicklungsorganisation und einer Nichtregierungsorganisation als äußerst erfolgreich erwiesen.

Für die Zusammenarbeit mit dem nationalen Träger gilt dies jedoch nur bedingt. Positiv ist zu vermerken, dass dem Programm keine Hindernisse in den Weg gelegt wurden, aber die Partnerleistungen blieben doch weit hinter den Erwartungen und Absichtserklärungen zurück. Hier erklärt sich der Erfolg des Programms eher aus der Tatsache, dass diese Politik des „laissez faire" Freiräume schaffte, die es dem Programm ermöglichten, pragmatische und zielgruppennahe Zusammenarbeitsformen mit lokalen Trägern zu etablieren, ohne sich im Netz politischer und administrativer Zuständigkeiten und Verantwortlichkeiten zu verschleißen.

Inhaltlich hat sich das Programm von einem rein technisch orientierten Nothilfeansatz zu einem Vorhaben nachhaltiger Ressourcenbewirtschaftung entwickelt und sein Engagement sowohl auf die institutionellen als auch auf die sozialen, wirtschaftlichen und ökologischen Rahmenbedingungen der ländlichen Wasserversorgung ausgeweitet. Im kritischen Rückblick gilt es allerdings auch festzustellen, dass man den eigenen Ansprüchen nicht immer gerecht werden konnte. Beispielhaft seien hier nur die langjährige Forderung nach einer flächendeckenden Wasserversorgung genannt – ein für Schachtbrunnenbau aussichtsloses Unterfangen – oder die überhöhten Erwartungen in Bezug auf die Motivation und Leistungsfähigkeit der Partner zum Beispiel im Bereich der Animations- und Beratungsarbeit. Wo diese Leistungen ausbleiben, sollten auch in den Rang von Dogmen erhobene Theorieansätze zugunsten effizienter Arbeitsweisen auf den Prüfstand. Hier zeigt sich aber auch, dass das Denken in Laufzeiten und Programmphasen nur selten kompatibel ist mit langfristigen gesellschaftlichen Veränderungsprozessen.

Ein Lernprozess, in dem sich auch das Bild des DED und der Entwicklungshelfer wandelte, in welchem Brüche entstanden zwischen einem basisdemokratischen Selbstverständnis der 70er und 80er Jahre und den Anforderungen eines professionellen Entwicklungsvorhabens in den 90er Jahren, war die Programmgeschichte allemal. Die Verantwortlichen des DED und der DWHH, die Entwicklungshelfer sowie die Mitarbeiter vor Ort haben sich den Herausforderungen gestellt und so zum Erfolg des Programms beigetragen. Was bleibt?

Eine Gruppe junger Unternehmern, die in der Lage sein sollten, einen substanziellen Beitrag zur ländlichen Wasserversorgung Benins zu leisten und Arbeitsplätze zu schaffen. Eine Vielzahl von Personen, in Deutschland und in Benin, deren Bewusstsein sich im Hinblick auf die Ressource Wasser gewandelt haben müsste sowie etwa 800 Brunnen, die für eine Bevölkerung von nahezu 400.000 Menschen einen wesentlichen Teil ihrer Lebensgrundlagen bilden.

# ANHANG

Projektstandorte, Projektlaufzeiten und
Zahl der gebauten Brunnen

**Standort**
Laufzeit, Anzahl der gebauten Brunnen*
*Kommentar*

**Dogbo, Mono-Nord**
1974–1982 (9 Jahre); 18 (mit Tiefen bis zu 90 m, keiner dem Standard entsprechend)
*Der Brunnenbaustandort wurde 1982 auf Antrag eines Entwicklungshelfers aufgegeben. Schwierige geologische Verhältnisse und tiefe Grundwasservorkommen ließen eine Weiterarbeit sinnlos erscheinen.*

**Sé, Mono-Süd**
1980–1981 (2 Jahre); s.u.
*Warum das Projekt bereits nach einem Jahr nach Bopa umgelegt wurde, ist nicht mehr nachvollziehbar. Möglicherweise hing dies jedoch mit den Wohnmöglichkeiten für den Entwicklungshelfer zusammen.*

**Bopa, Mono-Süd**
1981–1996 (15 Jahre); 64 (Angaben 1996), davon etwa 30 Standardbrunnen
*Das Projekt wurde mit dem Vertragsende des letzten Entwicklungshelfers eingestellt. Begründung waren die für Schachtbrunnenbau sehr tiefen Grundwasservorkommen (bis zu 80 m), die Unzugänglichkeit eines großen Gebietes (Schwarzerde) sowie der Beginn eines von der GTZ finanzierten Wasserversor-*

*gungsprojekts in derselben Region. Interessanterweise wurden Überlegungen, das Projekt wegen zu tiefer Grundwasservorkommen aufzugeben, bereits in der PPV 1982/83 diskutiert.*

### Savalou, Gobada
1974–1976, 1980–1998 (21 Jahre); 74
*Die Brunnenbautätigkeiten wurden 1976 wieder eingestellt, da man mit den zur Verfügung stehenden technischen Mitteln nicht effizient weiter arbeiten konnte. 1980 wurde die Projektarbeit mit verbesserter Ausrüstung (Kompressor usw.) wieder aufgenommen. Nach Ausscheiden des Entwicklungshelfers wurden die Projektaktivitäten ab 1995 von einer beniner Fachkraft (Wasserbauingenieur) als Projektleiter weitergeführt. Das für die Privatisierung vorgesehene Projekt musste Ende 1998 wegen nachgewiesener Veruntreuungen durch den Projektleiter eingestellt werden.*
*Die Region wird gegenwärtig vom Projekt Banté mitbetreut.*

### Cové
1982–1986 (5 Jahre); ca. 15
*Das Projekt wurde eingestellt, da man von einer nunmehr befriedigenden Wasserversorgungslage im Projektgebiet ausging. Die frei gewordene EH-Stelle wurde zur Schwerpunktbildung ab 1987 nach Kalalé umgelegt.*

### Kalalé I
1980–2000 (21 Jahre); 117
*Projektleiter ist seit der Zusammenlegung der beiden Projekte, das heißt seit 1991 eine beniner Fachkraft, die über vier Jahre hinweg durch die beiden Entwicklungshelfer ausgebildet wurde.*

### Kalalé II
1987–1991 (5 Jahre); s.o.
*Den Empfehlungen der Evaluierung von 1986 folgend, wurde dieses zweite Projekt im Distrikt Kalalé 1987 zur Schwerpunktbildung im Norden eingerichtet.*

### Segbana
1974–1999 (21 Jahre); 126
*Mit der Privatisierung des Projektes Kandi wurde der Projektplatz nicht mehr besetzt.*
*Die Baumaßnahmen werden über das aus dem Projekt Kandi hervorgegangene Brunnenbauunternehmen abgewickelt.*

### Kandi
1980– 1999 (20 Jahre); 56
Der Distrikt Kandi wurde bereits ab Mitte der 70er Jahre vom Brunnenbauprojekt Soroko/Banikoara aus mit betreut. Seit 1999 werden die Aktivitäten durch einen vom Programm ausgebildeten und geförderten Privatunternehmer weiter geführt.

### Soroko/Banikoara
1972–1980; 1993–2000 (15 Jahre); 78
1980 ging man davon aus, dass die Trinkwassersituation zufriedenstellend sei. Das Projekt wurde formell an den Distrikt Banikoara übergeben und von Kandi aus weiterbetreut. Die Projektaktivitäten wurden 1993 wieder aufgenommen.
Geplant war die Einrichtung eines integrierten Projektes der ländlichen Entwicklung, das heißt ein sektorieller Beginn mit der Kernaktivität Brunnenbau. Durch den konzentrierten Baumwollanbau der Region ist der Distrikt Banikoara, was die natürlichen Ressourcen betrifft, äußerst gefährdet.

### Kouandé
1981– 1998 (18 Jahre); 88
Die Aktivitäten wurden mit dem Abgang des Entwicklungshelfers 1998 eingestellt.
Weitere Baumaßnahmen werden über das Privatunternehmen Bassila (seit 1999 Djougou) durchgeführt.

### Bassila
1981–1998 (18 Jahre); 50
Das Projekt wurde ab 1995 von einem beniner Projektleiter weitergeführt, der sich ab 1998 als selbständiger Unternehmer installierte. Der Firmensitz wurde 1999 nach Djougou verlegt.

### Banté
1982– 2000 (17 Jahre); 84
Das Projekt wird seit 1995 von einer beniner Fachkraft geleitet.
Eine Privatisierung ist ab 2000 vorgesehen.

### Matéri
1989–2000 (12 Jahre); 35
Das Projekt wurde bis 1995 im Rahmen eines Kooperationsabkommens mit ACORD durch den DED finanziert, ab 1995 durch die DWHH.
Seit 1996 wird das Projekt von einer beniner Fachkraft geleitet.

Insgesamt sind 805 Neubrunnen dokumentiert. Da eine systematische Erfassung allerdings erst ab Mitte der 80er Jahre erfolgte, liegt die Zahl der insgesamt gebauten Brunnen mit Sicherheit bei weit über 1.000. Hinzu kommen etwa 600 Brunnenreparaturen bzw. Brunnenvertiefungen. Nach empirischen Erhebungen, die seit 1995 durchgeführt wurden, ist davon auszugehen, dass sich die Zahl der einem baulichen Mindeststandard entsprechenden Brunnen mit aureichendem Wasserzulauf (5 m$^3$ / Nacht) auf etwa 700 Brunnen beläuft. Die durchschnittliche Tiefe der Brunnen liegt bei etwa 18 Metern.

Die von der GTZ im Rahmen des CARDER Atlantique finanzierten Brunnenbauprojekte hatten folgende Laufzeiten:
    Kpomassé/Segbouhoué:    1978 bis 1991
    Allada:                 1981 bis 1991

Insgesamt wurden im Rahmen dieses Vorhabens 187 Schachtbrunnen gebaut.

Zwischen 1974 und 2000 waren insgesamt 73 Entwicklungshelfer im Bereich des Brunnenbaus tätig. Davon waren zwölf mit Querschnittsaufgaben betraut, 61 Entwicklungshelfer also mit Baumaßnahmen. Bei insgesamt 209 EH-Jahren und einer Bauleistung von etwa 800 Brunnen ergibt sich daraus ein Durchschnitt von etwa vier Brunnen/EH/Jahr. Berufsfelder: Maurer, Tischler, Bauingenieure, Architekten, Flaschner, Versorgungstechniker, Mechaniker, Maschinenbauingenieure, Bautechniker und insgesamt drei gelernte Brunnenbauer.

# DEUTSCHE WELTHUNGERHILFE

Die Ernährungs- und Landwirtschaftsorganisation (FAO) der Vereinten Nationen beschloss 1960 eine weltweite „Kampagne gegen den Hunger" (Freedom from Hunger Campaign). Gleichzeitig forderte sie ihre Mitgliedstaaten auf, mit Hilfe von nichtstaatlichen Organisationen verstärkte Anstrengungen im Kampf gegen Not, Armut und Hunger zu unternehmen.

Daraufhin berief der damalige Bundespräsident 1962 Vertreter wichtiger gesellschaftlicher Gruppen in einen „Deutschen Ausschuss für den Kampf gegen den Hunger". Aus diesem Ausschuss entwickelte sich die Deutsche Welthungerhilfe; sie ist heute ein eingetragener Verein und zählt zu den großen nicht-staatlichen Organisationen für Entwicklungszusammenarbeit und Humanitäre Hilfe in Deutschland.

Gemeinnützig, politisch und konfessionell unabhängig, arbeitet die Organisation unter einem ehrenamtlichen Vorstand und unter der Schirmherrschaft des Bundespräsidenten. Gründungsziel und Satzung verpflichten die Deutsche Welthungerhilfe zur Förderung der Hilfe zur Selbsthilfe und der Verbesserung der Lebensbedingungen der Landbevölkerung und sozial schwacher städtischer Gruppen. Sie verpflichten ebenso zu entwicklungsbezogener Bildungs- und Öffentlichkeitsarbeit in Deutschland.

Die Deutsche Welthungerhilfe konzentriert ihre Projektarbeit auf die Bereiche Landwirtschaft und Ökologie, Überlebens- und Wiederaufbauhilfe, die Förderung von Kindern und Jugendlichen, Wasserversorgung, Handwerk und Gewerbe sowie auf die Stärkung von Selbsthilfegruppen und Partnerorganisationen. Fast alle Projekte werden in benachteiligten ländlichen und städtischen Regionen Afrikas, Asiens und Lateinamerikas durchgeführt.

Die Deutsche Welthungerhilfe ist keine Personalentsendeorganisation, sondern arbeitet in der Regel direkt mit Partnerorganisationen vor Ort zusammen. Ausgenommen hiervon sind finanziell umfangreiche Nothilfeprojekte, für die eigenes Fachpersonal eingesetzt wird, oder Projekte in Ländern, in denen es keine unabhängigen Organisationen gibt, die als Partner in Frage kommen. 75 Mitarbeiterinnen und Mitarbeiter im Inland und etwa 90 im Ausland sorgen für eine professionelle und kompetente Begleitung bzw. Durchführung der Programme. Insgesamt wurden bis zum Jahr 2000 über 4000 Projekte in 70 Ländern mit rund 1 Milliarde Euro gefördert.

Finanziert werden die Projekte aus privaten Spenden sowie Zuschüssen der Bundesregierung, der Kommission der Europäischen Union, der Vereinten Nationen und anderer. Auch die Partnerorganisationen und die an einem Projekt beteiligten Menschen leisten bei allen Maßnahmen einen erheblichen Eigenbeitrag in Form von finanziellen, Arbeits- und Sachmittellleistungen. Die Einnahmen und Ausgaben der Organisation werden regelmäßig in einem Jahresbericht veröffentlicht. Darüber hinaus wird sie durch unabhängige Wirtschaftsprüfer und die öffentlichen Zuschussgeber geprüft. Außerdem prüft das „Deutsche Zentralinstitut für soziale Fragen" (DZI) die Jahresrechnung daraufhin, ob die Mittel satzungsgemäß, sparsam und nachprüfbar verwendet wurden. Für ihre sparsame und transparente Mittelverwendung erhält die Deutsche Welthungerhilfe seit vielen Jahren das Spendenprüfsiegel des DZI.

Die Welthungerhilfe arbeitet in einer Reihe von nationalen und internationalen Zusammenschlüssen mit, in Deutschland etwa im Verband Entwicklungspolitik deutscher Nichtregierungsorganisationen (VENRO). Auf europäischer Ebene ist sie Gründungsmitglied der Alliance2015, zu der sich bislang vier Organisationen aus Irland, Dänemark, Deutschland und den Niederlanden verbunden haben.

Die Organisation bietet zahlreiche Materialien für Schüler und Lehrer, für die entwicklungspolitische Bildungsarbeit, für Interessenten an einzelnen Ländern und alle anderen an, die mehr über die Arbeit der Welthungerhilfe oder zu einzelnen Themen bzw. Ländern erfahren möchten. Dazu zählen Filme, Ausstellungen, Broschüren und vieles anderes mehr. Eine vollständige Liste der Materialien findet man im Internet unter www.welthungerhilfe.de. Die Liste kann auch angefordert werden bei:

Deutsche Welthungerhilfe
Zentrale Information
Adenauerallee 134
D-53113 Bonn

Inga Nagel
## Die kleinen Frauen Afrikas
*123 S., br., s/w-Fotos und Grafiken, ISBN 3-927905-73-9*

Anhand von Beispielen und Erfahrungen aus Burkina Faso beschreibt die Autorin anschaulich Lebensumstände und -wirklichkeiten von Mädchen und jungen Frauen in Afrika.

Jochen Collin
## tchop-blew-pot
*174 S., br., zahlreiche s/w-Fotos, ISBN 3-89502-085-0*

Mit einer guten Prise Humor geht der Autor auf seine „Afrikanischen Erkundungen" – so der Untertitel des ebenso einfühlsam wie eindringlich geschriebenen Buches.

Mano Dayak
## Die Tuareg-Tragödie
*192 S., br., Farbfotos, ISBN 3-89502-039-7*

Mano Dayak, der legendäre Führer der „blauen Ritter der Wüste", schreibt als erster Tuareg die Geschichte seines Volkes und über den Überlebenskampf in der Wüste.

Asit Datta
## Julius Nyerere – Reden und Schriften aus drei Jahrzehnten
*184 S., br., ISBN 3-89502-130-X*

Eine unter heute aktuellen Gesichtspunkten neue Zusammenstellung der grundlegenden Gedanken eines der bedeutendsten afrikanischen Staatsmänner und „Vater des afrikanischen Sozialismus".

Bitte fordern Sie unser kostenloses Gesamtverzeichnis an:

Horlemann Verlag · Postfach 1307 · 53583 Bad Honnef
Telefax 0 22 24 / 54 29 · E-Mail: info@horlemann-verlag.de
www.horlemann-verlag.de

Olivier Barlet
## Afrikanische Kinowelten
## Die Dekolonisierung des Blicks
*320 S., br., zahlreiche s/w-Fotos, Index, ISBN 3-89502-133-4*

*Dieses in Frankreich als „Filmbuch des Jahres" ausgezeichnete Werk nähert sich dem Filmschaffen auf dem „schwarzen Kontinent" aus historischer Sicht und stellt dann einzelne Filme vor und analysiert sie, wobei besonders auf typisch afrikanische Stilmittel wie der Gebrauch von Stille, der mündlichen Überlieferung und des Humors eingegangen wird. Im letzten Teil des Buches werden auch die sozialen und ökonomischen Kontexte der afrikanischen Film- und Fernsehindustrie untersucht.*

Abdurahman Aden
## Von der Trommel zum Handy
*128 S., br., s/w-Fotos u. Abb., ISBN 3-89502-112-1*

*Mit der Entwicklung der wirtschaftlichen und sozialen Verhältnisse ändern sich auch die Kommunikationsmittel und Ausdrucksformen von Gesellschaften. Afrika macht da keine Ausnahme. Der Einzug der neuen Medien bedeutet aber noch nicht das Ende des Althergebrachten. So finden sich in der heutigen Kommunikationskultur des Kontinents Trommel, audiovisuelle Medien und Internet zugleich.*

Deutscher / Holz / Röscheisen (Hg.)
## Zukunftsfähige Entwicklungspolitik
## Standpunkte und Strategien
*209 S., br., ausf. Lit.verz. und Statistiken., ISBN 3-89502-079-6*

*Aktueller Überblick über die Standpunkte der politischen Parteien zu diesem wichtigen Politikfeld sowie Strategieüberlegungen aus dem Bereich der bedeutenden deutschen entwicklungspolitischen Nicht-Regierungsorganisationen.*

*Bitte fordern Sie unser kostenloses Gesamtverzeichnis an:*

Horlemann Verlag · Postfach 1307 · 53583 Bad Honnef
Telefax 0 22 24 / 54 29 · E-Mail: info@horlemann-verlag.de
www.horlemann-verlag.de